NONGYAO ZHIJI JIAGONG
SHIYAN ZHIDAO

农药制剂加工实验指导

钱　坤　主编

西南师范大学出版社
国家一级出版社 全国百佳图书出版单位

图书在版编目（CIP）数据

农药制剂加工实验指导 / 钱坤主编 . -- 重庆 : 西南师范大学出版社 , 2019.3

ISBN 978-7-5621-9701-0

Ⅰ . ①农… Ⅱ . ①钱… Ⅲ . ①农药剂型 - 加工 - 实验 - 高等学校 - 教材 Ⅳ . ① TQ450.6-33

中国版本图书馆 CIP 数据核字 (2019) 第 029625 号

农药制剂加工实验指导

钱坤　主编

责任编辑：赵　洁
责任校对：胡君梅
书籍设计：起源
排　　版：重庆大雅数码印刷有限公司 · 张　祥
出版发行：西南师范大学出版社
　　　　　地址：重庆市北碚区天生路 2 号
　　　　　邮编：400715
印　　刷：重庆共创印务有限公司
开　　本：170mm × 240mm
印　　张：6.75
字　　数：122 千字
版　　次：2019 年 6 月 第 1 版
印　　次：2019 年 6 月 第 1 次印刷
书　　号：ISBN 978-7-5621-9701-0
定　　价：24.00 元

编委会

主　　编：钱　坤

副 主 编：何　林　何　顺　郭明程

编　　委：（按姓氏笔画排序）

王亚兰　厉　阒　田　亚　肖　伟

何　林　何　顺　张　平　钱　坤

徐志峰　郭明程　彭鑫亚　董艺珂

樊钰虎　薛　霏

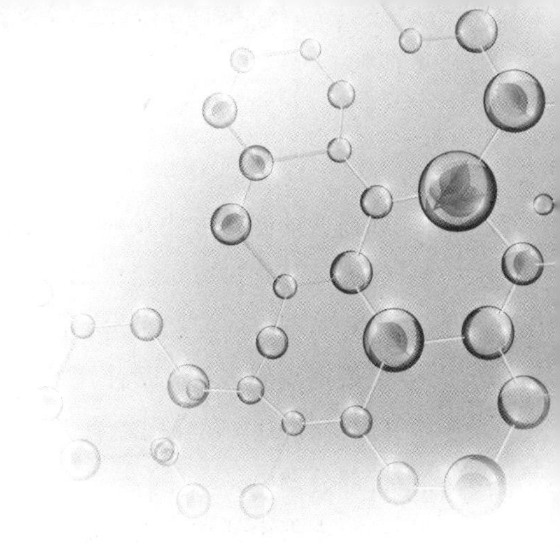

前　言

农药在保护作物免受病、虫、草、鼠等危害方面发挥重要作用。最初，农药有效成分的每公顷用量达到千克级，随着高效农药的开发，农药的使用量不断减少。目前，高效农药的每公顷用量仅为几克到几十克。因此，农药制剂加工技术在将农药由工厂搬到田间的过程中发挥着重要作用。

农药制剂加工是农药学学科的重要分支之一，它是指在农药原药中加入适当辅助剂，赋予其一定使用形态，以提高有效成分分散度，优化生物活性，便于使用。农药制剂加工为农药的商品化生产和大面积推广应用提供了有效途径，是农药工业的关键组成部分，也是农药学研究的重要方向。虽然国内对农药制剂的研究与开发非常重视，但依然缺乏适用于学生实验操作的指导书籍。

近年来我国农药工业发展迅速，农药研究特别是农药制剂加工研究水平不断提高，对农药制剂加工方面专业技术人才的需求不断增加。西南大学植物保护学院开设农药制剂加工实验课程已近十年，在这十年里，学生们对该课程有着极高的热情，课程效果突出。为了提高实验教学水平，我们参考历年教学讲义并结合实际情况，编写了这本包含 19 个实验的农药制剂加工实验入门指导。

目前，全世界有 150 余种农药剂型，我国已经应用的农药剂型有 70 多种，常见的农药剂型有 20 余种。由于不同种类农药制剂的要求与基本原理各不相同，所以，我们将制剂的基本介绍放在各实验之前，便于参考。本书共 19 个实验，包含乳油、水乳剂、微乳剂、可湿性粉剂、可溶性粉剂、粒剂等常见剂型的制备方法及质量检测手段。其对每种剂型的特点、组成、加工、性能等都分别进行了简单的介绍,目的是让学习农药制剂加工这门课程的学生对制剂有一定的了解,并可以自主操作,制备简单剂型。各实验方法主要是依据我们多年教学使用的方法,同时参考了 CIPAC(国际农药分析协作委员会)、FAO(联合国粮食及农业组织)、国家标准、我国行业标准的要求,进行部分调整。

本书由钱坤主编,参加编写和实验工作的还有何顺等老师,本书凝聚了他们共同的劳动成果。本书的出版得到西南师范大学出版社的大力支持与帮助。在此,向他们表示衷心的感谢!

由于编者水平所限,疏漏与不足之处在所难免,恳请读者批评指正。

编者

2018 年 11 月

目录

第三部分　制剂常规性能检测 ——— 067

农药属于有毒精细化工产品，农药研究工作者必须养成良好的实验室工作习惯并严格遵守相关规则，掌握农药学实验室基本常识，了解潜在的危险及其预防方法，从而使实验顺利进行。

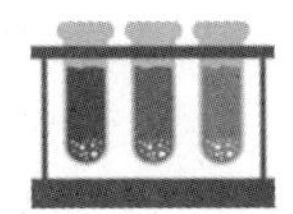

学生实验室守则

为了保证实验的顺利进行，培养严谨的科学态度和良好的实验习惯，创造一个高效和清洁的工作环境，必须遵守下列实验室规则。

1. 实验前必须做好预习，明确实验目的，熟悉实验原理和实验步骤，了解所用药品的毒性及防护措施。进入实验室后，应明确记录姓名、时间、实验项目以及离开时间。检查用具是否齐全，并注意室内通风。

2. 实验操作开始前，首先检查仪器种类和数量是否与需要相符，仪器是否有缺口、裂缝或破损等，再检查仪器是否干净（或干燥）。确定仪器完好、干净后再使用。仪器装置安装完毕，请教师检查合格后，方能开始实验。

3. 实验操作中，要仔细观察现象，积极思考问题，严格遵守操作规程，实事求是地做好实验记录。要严格遵守安全守则与每个实验的安全注意事项，一旦发生意外事故，应立即报告教师，采取有效措施，迅速排除事故。

4. 实验室内应保持安静，不得打闹和擅自离开。不得将与实验无关的物品带入实验室。严禁在实验室吸烟、饮食。离开实验室时要洗净双手。

5. 服从指导，有事要先请假，不经教师同意，不得离开实验室。严格遵守实验操作规范（均按剧毒物品对待），不许擅自乱动与实验无关的药品。

6. 要始终做到台面、地面、水槽、仪器“四净”。实验室废物应放入废物缸中，不得随意丢入水槽或弃于地上。废酸、酸性反应残液应倒入废液缸中，严禁倒入水槽。实验完毕，应及时将仪器洗净并放回指定位置。

7. 要爱护公物，节约药品，养成良好的实验习惯。要严格按照规定称量或量取药品，使用药品不得乱拿乱放，药品用完后，应盖好瓶盖放回原处。

公用设备和材料使用后，应及时放回原处，对于特殊设备，应在指导教师示范后才能使用。

8. 进入实验室应穿实验服或工作服，严禁赤脚或穿漏空的鞋子（如凉鞋或拖鞋）进入实验室。在进行有毒、有刺激性、有腐蚀性的实验时，必须戴上耐酸手套和防护眼镜、口罩或面罩。

9. 轮流值日，打扫、整理实验室。值日生应负责打扫卫生，整理公共器材，倒净废物缸、废液缸并检查水、电、窗等是否关闭。

10. 实验完毕后及时整理实验记录，写出完整的实验报告，按时交教师审阅。

第一部分

液体制剂及相关检测

YETI ZHIJI JI XIANGGUAN JIANCE

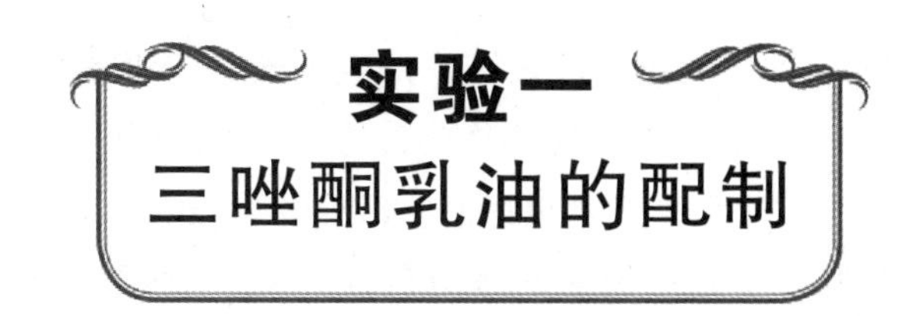

乳油是指将原药按一定比例溶解在有机溶剂（如苯、甲苯、二甲苯等）中，再加入一定量的农药专用乳化剂与其他助剂，配制成的一种均相透明的油状液体。乳油具有组成简单、使用方便、稳定性好和药效高等优点，是我国最基本的农药剂型之一。乳油易污染环境，安全性差，因此正逐步被其他剂型所替代，但乳油仍是配制其他液体剂型的基础。

一、实验目的

1. 了解并掌握乳油配制的基本方法。
2. 了解乳油配制中常用溶剂和乳化剂的种类及选择方法。
3. 制备质量分数为20%的三唑酮乳油。

二、相关知识简介

（一）三唑酮简介

三唑酮（Triadimefon）的化学名称是1-（4-氯苯氧基）-3，3-二甲基-1-（1，2，4-三唑-1-基）-2-丁酮，相对分子质量为293.75，结构式如图1-1所示。三唑酮为无色固体，有特殊的芳香味，溶点为82.3 ℃。在水中的溶解度为64 mg/L（20 ℃），中度溶解于多种有机溶剂（脂肪烃类除外），如二氯甲烷、甲苯等，在酸性或碱性条件下都较稳定。

图1-1　三唑酮结构式

三唑酮是一种高效、低毒、低残留、持效期长、内吸性强的三唑类杀菌剂。被植物各部分吸收后，能在植物体内传导。对锈病和白粉病具有预防、治疗、铲除等作用。对多种作物的病害，如玉米圆斑病、麦类云纹病、小麦叶枯病、凤梨黑腐病、玉米丝黑穗病等均有效。对鱼类及鸟类较安全，对蜜蜂和天敌昆虫无害，可以与杀菌剂、杀虫剂和除草剂等现混现用。主要剂型有质量分数为5％、15％、25％的可湿性粉剂，质量分数为10％、20％、25％的乳油等。

（二）乳油概述

乳油（Emulsifiable Concentrate，EC）是指用水稀释后形成乳状液的均一液体制剂，是农药的传统剂型之一。

乳油可分为可溶性乳油、溶胶状乳油和乳浊状乳油，它与水混合后可形成稳定的乳状液，这是乳油的重要性质之一。如以油或水作为分散相，乳状液可分为两种类型，即水包油（O/W）型和油包水（W/O）型。连续相为水、分散相为油的乳状液称为水包油型乳状液；连续相为油、分散相为水的乳状液称为油包水型乳状液。常见的绝大多数农药乳油加水形成的乳状液都属于水包油型乳状液，即分散相是农药原药和有机溶剂，连续相主要是水，乳化剂分布在油水界面上。

一般而言，凡是液态的农药原药（也称原油）和在有机溶剂中有相当大的溶解度的固态原药（也称原粉），无论是杀虫、杀螨剂，还是杀菌剂或除草剂等，都可以加工成乳油使用。

目前，在一定限度内，乳油、可湿性粉剂、可溶性粉剂、颗粒剂仍是发展中国家的主要农药剂型，被广泛应用。但是，这些剂型的使用已引起人们关注使用者和环境的安全问题，包括粉剂使用时的飘移危害问题，田间条件下可湿性粉剂的接触和呼吸毒性问题，乳油的易燃问题和使用时芳烃溶剂对使用者皮肤的接触毒性问题等。近年来，已出现一些以四大传统剂型为基础的农药新剂型。

乳油与其他农药剂型相比，其优点是制剂中有效成分含量较高，贮存稳定性好，使用方便，防治效果好，加工工艺简单，对设备要求不高，在整个加工过程中基本无“三废”产生。缺点是由于含有相当量的易燃有机溶剂，有效成分含量较高，因此在生产、贮运和使用等方面要求严格。如管理不严，操作不当，容易发生中毒现象或产生药害。

（三）制备原理

乳油一般由原药、溶剂、乳化剂和其他助剂，如助溶剂、稳定剂和增溶剂等组成。合格的乳油在保质期内储存不变质，并且在使用时能用任意比例的水稀释形成乳状液，便于喷雾使用。

乳油配方的关键在于溶剂和乳化剂的选择，但有时助溶剂和稳定剂选择的合适与否也决定着乳油配方的成败。

乳油的加工是一个物理过程，就是按照选定的配方，将原药溶解于有机溶剂中，再加入乳化剂等其他助剂，在搅拌下混合、溶解，制成均相透明的液体。

三、实验材料

（一）实验药剂

质量分数为95%的三唑酮原药，乳化剂3202，甲苯或二甲苯等。

（二）实验仪器

100 mL 烧杯，磁力搅拌器，电子秤，玻璃棒等。

四、实验步骤

1. 溶解度的测定与溶剂的确定。

取5支试管，分别往每支试管中加入1.20 g±0.02 g被测样品，再用移液管分别往每支试管中加入2 mL溶剂。在室温下轻轻摇动，必要时可微热以加速溶解。如果不能全部溶解，再加2 mL溶剂，再次微热溶解；如果还不能完全溶解，重复上述操作，直到加至10 mL溶剂还不能完全溶解时，则弃去，选择另一种溶剂进行实验。当某一溶剂完全溶解时，将其放入0 ℃的冰箱中，4 h后观察有无沉淀（结晶）或分层。如没有沉淀（结晶）或分层，仍能全部溶解，则可加入少量晶种再观察；如有沉淀（结晶）或分层，则再加2 mL溶剂，继续实验，直到加至10 mL溶剂为止。记录溶解结果，按表1-1

计算溶解度，并选择相同温度下溶解度大的溶剂作为实验溶剂。

表 1-1　溶解度的测定

序号 （每次加 2 mL 溶剂）	溶质/溶剂 （g）/（mL）	溶解度 （g/mL）	质量分数
1	1.2/2		
2	1.2/4		
3	1.2/6		
4	1.2/8		
5	1.2/10		

注：表中数据是原药为 1.2 g 的情况。

2. 以三唑酮为例，按照原药占 20%，乳化剂占 12%的配比，分别称取三唑酮和乳化剂。

3. 将第一步筛选出的溶剂直接加入烧瓶中，然后加入三唑酮原药，充分搅拌，使原药完全溶解，然后再加入乳化剂。

4. 搅拌 30 min 后，静置 30 min，观察乳油是否稳定。

五、实验注意事项

1. 实验过程中的药剂均具有一定的毒性，在实验过程中应戴上手套和口罩，防止药剂与人体直接接触。

2. 冬季制备乳油时，可以适当加热，以保证原药和乳化剂可以充分溶解。

六、讨论

1. 乳油中所用的溶剂和乳化剂的选择依据是什么？

2. 在现代农药制剂中，乳油扮演了怎样的角色？

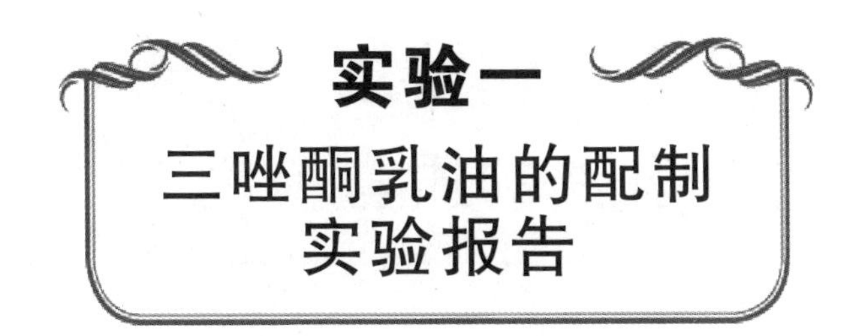

一、实验目的和意义

二、实验材料

三、实验过程

实验步骤	实验内容	实验现象	解释或结论
1. 溶解度的测定与溶剂的确定			
2. 乳油的配制			
3. 乳油稳定性观察			

四、实验结果和讨论

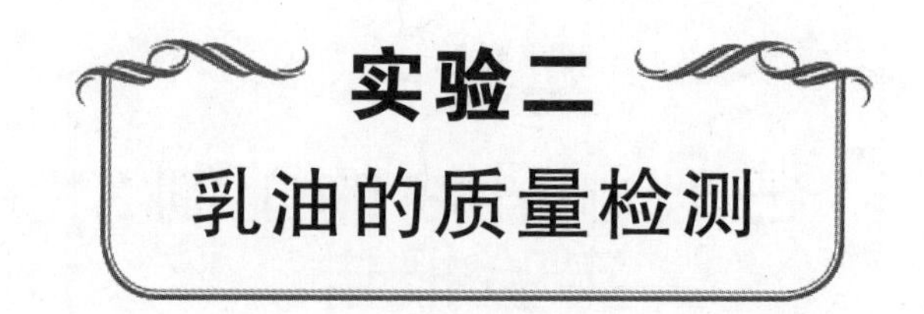

实验二 乳油的质量检测

农药乳油的质量检测指标在不同的国家和地区要求不完全一致，但概括起来主要包括：有效成分含量、乳化分散性、乳液稳定性、贮存稳定性、闪点、pH、表面张力、接触角等。

一、实验目的

1. 熟知乳油的质量检测指标。
2. 掌握乳油的质量检测方法。

二、相关知识简介

（一）乳化分散性

乳油的乳化分散性是指乳油放入水中自动乳化分散的情况。一般要求乳油倒入水中能自动形成云雾状分散物，徐徐向水中扩散，轻微搅动后能以细微的油珠均匀地分散在水中，形成均一的乳状液，以满足喷洒要求。乳油的乳化分散性主要取决于乳油的配方，其中最重要的是乳化剂品种的选择和搭配，其次是溶剂的种类和农药的品种。

（二）乳液稳定性

乳液的稳定性是指乳油用水稀释后形成的乳状液的经时稳定情况。通常要求在施药过程中药液稳定，即上无浮油，下无沉淀。当药液喷洒到植物叶面上以后，由于水分蒸发，有效成分（包括溶剂）和乳化剂沉积在叶面上，从而充分发挥药剂的防治效果。

（三）贮存稳定性

乳油的贮存稳定性主要包括化学稳定性和物理稳定性。

化学稳定性是指乳油在贮存期间有效成分的变化情况。要求乳油中的有效成分在贮存期间基本不变化或变化不大，不影响药剂的防治效果。这主要取决于农药原药的化学性质、乳油中的水分含量或 pH，其次是溶剂和乳化剂的品种、性质和品质，以及原药的纯度等。对某些化学性质不稳定的农药品种，在配制乳油时，有必要加入适当的稳定剂。

物理稳定性是指乳油经贮存后，外观、乳化分散性、乳液稳定性等物理性质的变化情况。要求乳油的各种物理性质贮存前后基本不改变或变化不大，完全能满足使用上的要求。

（四）闪点

闪点又称闪燃点，即在稳定的空气环境中，可燃性液体或固体表面产生的蒸气在实验火焰作用下初次发生闪光的最低温度。可燃性液体的闪点随其浓度的变化而变化。闪点的测定可用以辅助杀虫剂等农药产品的鉴定，也能反映杀虫剂或其他产品的生产过程。同时，液体或气体的闪点表明其发生爆炸或火灾的可能性大小，与运输、贮存和使用安全有极大的关系。

（五）表面张力

农药要发挥较高的使用效率，首先要在靶标物质上润湿和铺展，这就要求喷施的药液具有良好的润湿性和扩展性，而溶液的表面张力和制剂的扩展面积是其效果评价的重要指标。

三、实验材料

（一）实验药剂

自制的质量分数为 20%的三唑酮乳油。

（二）实验仪器

恒温水浴锅（图 2-1），制冷器（可用冰箱代替），100 mL 量筒，250 mL 烧杯，100 mL 离心管，玻璃棒等。

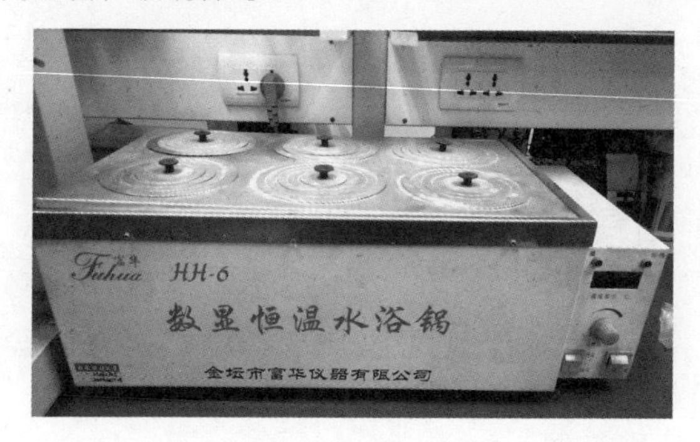

图 2-1 恒温水浴锅

四、实验步骤

本次实验主要测定质量分数为 20%的三唑酮乳油的乳液稳定性、低温稳定性等性能指标。

（一）乳液稳定性测定

在 250 mL 的烧杯中加入 100 mL 标准硬水，用移液管吸取一定量乳油样品，在不断搅拌的情况下逐渐加入硬水中，制得其乳状液（乳油用标准硬水稀释 200 倍）。加完乳油后，继续搅拌 30 s，然后快速将乳状液转移至清洁、干燥的 100 mL 量筒中，并将量筒置于恒温水浴锅中，将温度控制在 30 ℃ ± 2 ℃范围内，静置 1 h，取出，观察乳状液分离情况。如量筒中无浮油、沉油和沉淀析出，则判定乳液稳定性合格。

（二）低温稳定性测定

将 100 mL 样品加入离心管中，在制冷器中冷却 ℃至 0 ± 2 ℃，让离心管及其内容物在 0 ℃ ± 2 ℃条件下保持 1 h。期间每隔 15 min 搅拌 1 次，每次搅拌

15 s，观察并记录有无固体物或油状物析出。将离心管放回制冷器，在 0 ℃ ± 2 ℃下继续放置 7 d。7 d 后将离心管取出，在室温（不超过 20 ℃）下静置 3 h，离心分离 15 min。记录离心管底部析出物的体积（精确到 0.01 mL），以析出物不超过 0.30 mL 为合格。

五、实验注意事项

实验过程中的药剂均具有一定的毒性，在实验过程中应戴上手套和口罩，防止药剂与人体直接接触。

六、讨论

1. 乳油的质量检测指标有哪些?
2. 如何判断乳油是否符合生产要求?

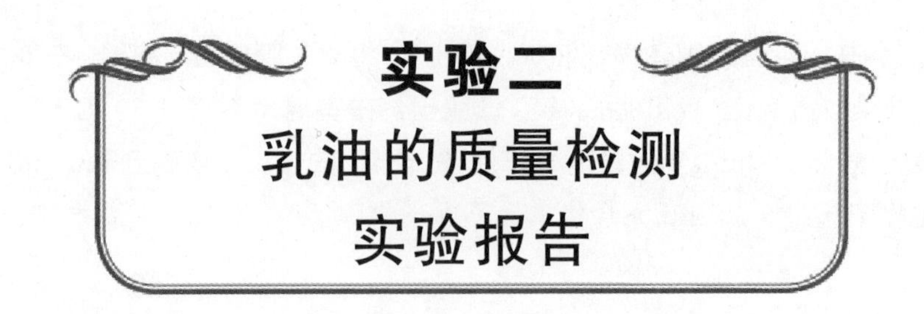

实验二 乳油的质量检测 实验报告

一、实验目的和意义

二、实验材料

三、实验过程

实验步骤	实验内容	实验现象	解释或结论
1. 乳液稳定性测定			
2. 低温稳定性测定			

四、实验结果和讨论

实验三
水乳剂的制备

水乳剂（Emulsion in Water， EW），曾称浓乳剂（Concentrate Emulsion，CE），是有效成分溶于有机溶剂，并以微小的液珠分散在连续相水中，呈非均相乳状液制剂。 水乳剂与固体有效成分分散在水中的悬浮剂不同，也与用水稀释后形成乳状液的乳油不同，是乳状液的浓溶液，有水包油型（O/W）和油包水型（W/O）两类。 水乳剂喷洒雾滴比乳油大，飘移减小，没有可湿性粉剂喷施后的残迹等现象，虽然药效与同剂量乳油相当，但对温血动物的毒性大大降低，对植物的毒性也比乳油小，是目前国内外主要研究和推广的农药剂型之一。

一、实验目的

1. 了解水乳剂配制加工的原理。
2. 了解并掌握水乳剂配制的基本方法。
3. 了解水乳剂的先进性和加工难点。

二、相关知识简介

（一）高效氯氰菊酯简介

高效氯氰菊酯（Beta Cypermethrin）的化学名称是2,2-二甲基-3-（2，2-二氯乙烯基）环丙烷羧酸-α-氰基-（3-苯氧基）-苄酯，相对分子质量为416.28。原药外观为白色至奶油色结晶体，为两对外消旋体混合物，其顺反比约为2∶3，熔点为64～71 ℃，溶解度在pH为7的水中分别为51.5 μg/L（5 ℃）、93.4 μg/L（25 ℃）、276.0 μg/L（35 ℃）（以上均为理论值）。 高效氯氰菊酯易溶于芳烃、酮类和醇类，在一些常见溶剂中的溶解度见表3-1。

表 3-1 高效氯氰菊酯在一些常见溶剂中的溶解度(20 ℃)

溶剂	异丙醇	二甲苯	二氯甲烷	丙酮	乙酸乙酯	石油醚
溶解度(mg/mL)	11.5	749.8	3878	2102	1427	13.1

高效氯氰菊酯是一种拟除虫菊酯类杀虫剂，生物活性较高，是氯氰菊酯的高效异构体，具有触杀和胃毒作用。它杀虫谱广、击倒速度快，杀虫活性较氯氰菊酯高。适宜防治棉花、蔬菜、果树、茶树等多种植物上的害虫及卫生害虫。对蜜蜂、鱼、蚕、鸟均为高毒，使用时应注意避免污染水源地，避免在蜜源、作物开花期使用。

（二）乳液类型与鉴别方法

乳状液有水包油型（O/W）和油包水型（W/O）两类，其类型可以根据油与水的不同特点加以鉴别，以下是几种比较简便的鉴别方法。

1. 稀释法

如果乳状液能与其外相液体相混溶，则能和乳状液混合的液体与外相液体相同。例如，牛奶能被水稀释，而不能与植物油混合，故牛奶是 O/W 型乳状液。

2. 染色法

将少量油溶性染料加入乳状液中充分混合、搅拌。若乳状液整体带色，并且色泽较深，则为 W/O 型；若色泽较淡，而且只是液珠带色，则为 O/W 型。用水溶性染料则情形相反。同时使用油溶性染料和水溶性染料进行实验，可提高乳状液类型鉴别的可靠性。

3. 电导法

乳状液中的油状物质大多数导电性都很差，而水（一般水中常含有电解质）的导电性较好，故电导的粗略定性测量即可确定连续相（外相）的类型：导电性好的为 O/W 型乳状液，连续相为水；导电性差的为 W/O 型乳状液，连续相为油状物质。但当 W/O 型乳状液水相（内相）所占比例很大，或油相中离子性乳化剂含量较多时，W/O 型乳状液也可能有相当好的导电性。还应注意的是，当采用非离子型乳化剂时，即使是 O/W 型乳状液，导电性也可能较差。

加入少量 NaCl 可提高此种乳状液的导电性，但要小心，有时 NaCl 的加入会导致乳状液变性。

4. 滤纸润湿法

对于某些重油与水构成的乳状液可以使用此法：在滤纸上滴 1 滴乳状液，若液体快速展开，并在中心留下一小滴油，则为 O/W 型乳状液；若液滴不展开，则为 W/O 型乳状液。但此法对于某些易于在滤纸上铺展的油状物质（如苯、环己烷、甲苯等轻质油）所形成的乳状液则不适用。

通常农药水乳剂是一种 O/W 型的乳状液，即油状物质为分散相，水为连续相，农药有效成分在油相中。水乳剂的外观通常呈乳白色不透明液状，其油珠粒径一般为 0.7～20.0 μ m，比较理想的是 1.5～3.5 μ m。乳状液的外观与油珠的大小密切相关，具体如表 3-2 所示。

表 3-2　乳状液的油珠大小与外观

液珠大小	外观	液珠大小	外观
100 μ m≤液滴	可分辨出两相	0.05 μ m＜液滴≤0.1 μ m	灰白半透明液
1 μ m<液滴＜100 μ m	乳白色乳状液	液滴≤0.05 μ m	透明液体
0.1 μ m＜液滴≤1 μ m	蓝白色乳状液	—	—

（三）水乳剂的特点

与乳油相比，水乳剂由于不含或只含少量有毒易燃的苯类等溶剂，无着火危险，无难闻的、有毒的气味，对眼睛刺激性小，减少了对环境的污染，大大提高了生产、贮运过程中的安全性，降低了对使用者的危害性。以价廉的水为基质，乳化剂用量为 2%～10%，与乳油的乳化剂用量近似，虽然水乳剂中增加了一些共乳化剂、抗冻剂等助剂，但有些配方在经济上已经可以与相应的乳油竞争。大量试验证明，水乳剂药效与同剂量相应乳油相当，而对温血动物的毒性大大降低，对植物比乳油更安全，与其他农药或肥料的互溶性更好。由于水乳剂中含有大量的水，故容易水解的农药较难或不能加工成水乳剂。贮存过程中，随着温度和时间的变化，油珠可能逐渐胀大而破乳，有效成分也可能因水解而失效，所以一般来说，油珠细度高的乳状液稳定性好。为了提高细度，有时需要特殊的乳化设备，水乳剂在选择配方和加工技术方面比乳油难。

（四）加工工艺

1. 直接乳化法

将表面活性剂、助表面活性剂和去离子水混合成水相，然后将油相（即用溶剂将原药溶解）在搅拌下直接加入水相中，形成 O/W 型水乳剂（图 3-1）；或者将表面活性剂、助表面活性剂和溶剂混合制成油相，然后将水相在搅拌下直接加入油相中，自发形成 W/O 型水乳剂。

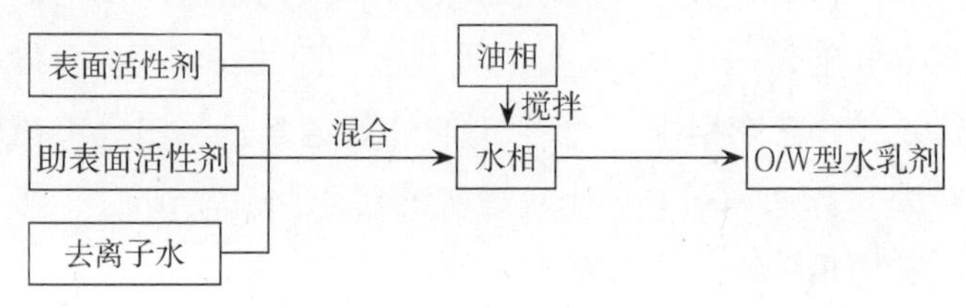

图 3-1　直接乳化法加工 O/W 型水乳剂流程

2. 转相法

将表面活性剂加入油相中，搅拌成透明溶液，然后将去离子水慢慢滴入油相中，边滴加边搅拌。刚开始时形成的是 W/O 型水乳剂，随着水量的增加，发生转相，最终形成 O/W 型水乳剂，具体操作流程见图 3-2 所示。

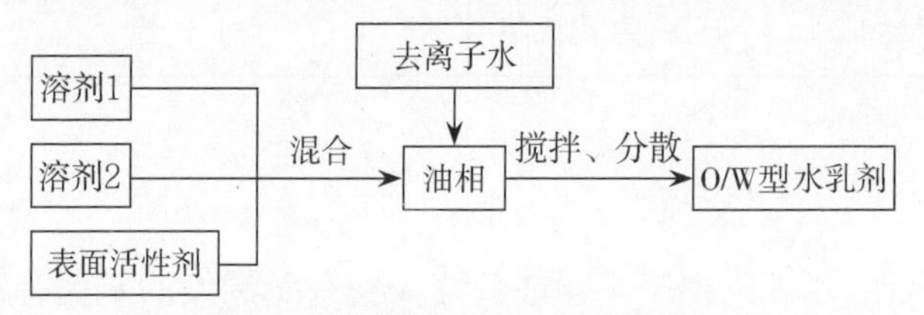

图 3-2　转相法加工水乳剂流程

据日本专利介绍，边搅拌边将水相慢慢滴入油相，先形成高黏度 W/O 型水乳剂，之后再加入其余水相，使其转相成 O/W 型水乳剂，所得的产品分散相细度高、稳定性好。而将油相加入水相的直接乳化法所得产品分散相细度低、稳定性较差。

同时，需要根据配方分散乳化难易程度选择加工设备。分散相细度对水乳剂稳定性的影响很大，一般来说，油珠越小稳定性越好。配方中的乳化剂系统分散乳化能力强，常规搅拌即可使分散相达到要求细度，配制设备可选用带普通搅拌器的搪瓷釜；若分散乳化能力弱，则需选用具有高剪切搅拌能力的均化器和胶体磨。

三、实验材料

（一）实验药剂

质量分数为95%的高效氯氰菊酯原药，专用乳化剂，二甲苯。

（二）实验仪器

电子天平，高剪切乳化机（图3-3），烧杯，玻璃棒等。

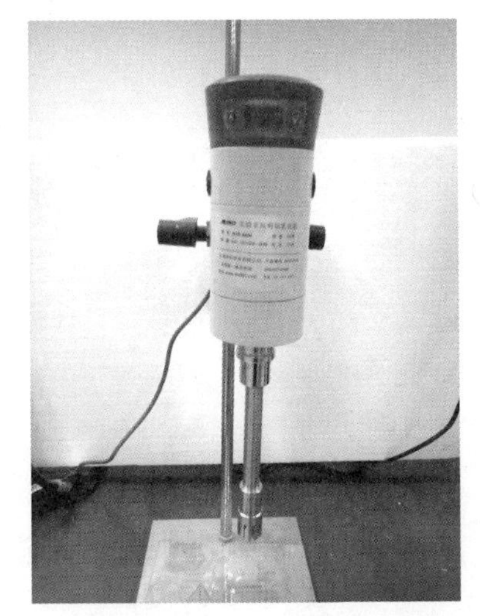

图3-3　高剪切乳化机

四、实验步骤

制备质量分数的4.5%的高效氯氰菊酯水乳剂（配方：原药4.5%，乳化剂8%，二甲苯10%，其余由水补足）。

1. 称取所需高效氯氰菊酯原药，用二甲苯将其完全溶解后按比例加入乳化剂。

2. 待乳化剂完全溶解后，逐滴加入去离子水，开启高剪切乳化机，随去离子水滴加速度的加快逐步提高转速。滴加完成后，稳定转速继续剪切。待取样检测合格后，即可出料包装，贴上标签备用。

五、实验注意事项

1. 实验过程中的药剂均具有一定的毒性，在实验过程中应戴上手套和口罩，防止药剂与人体直接接触。

2. 使用高剪切乳化机时应严格遵守使用方法，防止受伤。

六、讨论

1. 哪类农药原药适合加工成水乳剂?

2. 与乳油相比，水乳剂有哪些优点?

3. 水乳剂的加工难点是什么? 存在的主要问题是什么?

4. 制备水乳剂有哪些加工工艺?

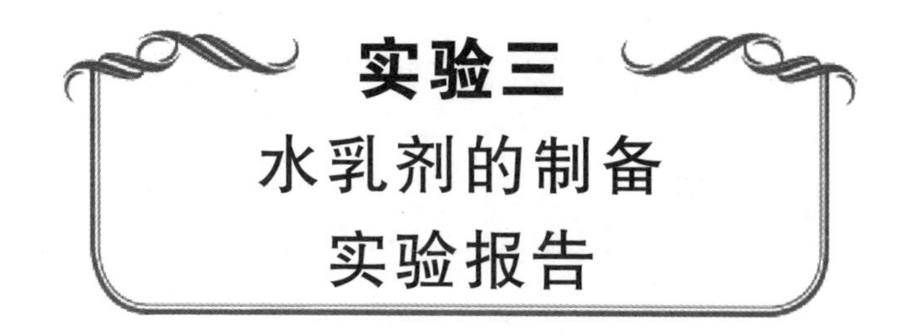

实验三

水乳剂的制备

实验报告

一、实验目的和意义

二、实验材料

三、实验过程

实验步骤	实验内容	实验现象	解释或结论
1. 乳化剂的比例筛选			
2. 水乳剂的配制			
3. 水乳剂稳定性的观察			

四、实验结果和讨论

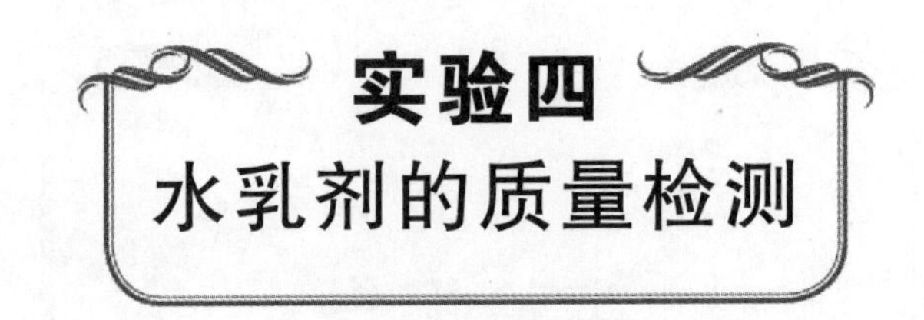

实验四 水乳剂的质量检测

一、实验目的

1. 熟知水乳剂的质量检测指标。
2. 掌握水乳剂的质量检测方法。

二、相关知识简介

（一）有效成分含量

根据原药理化性质，生物活性及其与溶剂、乳化剂、共乳化剂的溶解情况，以及加工成水乳剂的稳定性情况来确定水乳剂的有效成分含量。原则上，有效成分含量越高越好。

（二）热贮稳定性

在 54 ℃ ±2 ℃条件下贮存 14 d，其有效成分的分解率低于 5%，且水乳剂不析出油层，只析出乳状液和水，能维持良好的乳状液状态，轻轻摇动仍能呈均匀乳状液即为合格。

（三）低温稳定性

为保证水乳剂不受低温的影响，需进行低温贮存稳定性实验。可将适量样品装入安瓿瓶中，密封后分别于 0 ℃、−5 ℃或−9 ℃冰箱中贮存 7 d 或 14 d 后进行观察，不分层、无结晶者为合格。

（四）pH

pH 对水乳剂的稳定性，特别是对有效成分的化学稳定性影响很大。因此，对商品水乳剂的 pH 应有明确的规定，以保证产品的质量。具体数值应视不同产品而定。

（五）黏度

有的配方必须加增稠剂后产品才能稳定，但黏度高不利于分装，稀释性能不好，容器中残留物多。为保证质量，应对产品黏度做适当规定。

（六）水稀释性

若水乳剂的浓度较高，田间喷施时需兑水稀释。不同地区水质差别很大，因此，要求水乳剂必须能用各种水质的水进行稀释使用且不影响药效。

三、实验材料

（一）实验药剂

自制的质量分数为 4.5%的高效氯氰菊酯水乳剂。

（二）实验仪器

恒温水浴锅，100 mL 量筒，250 mL 具塞量筒，250 mL 烧杯，电子天平，刻度尺，计时器，玻璃棒等。

四、实验步骤

（一）乳液稳定性测定

在 250 mL 烧杯中加入 100 mL 标准硬水，用移液管吸取一定样品，在不断搅拌的条件下逐渐加入硬水中，制得其乳状液（用标准硬水稀释 200 倍）。加完后，继续搅拌 30 s，然后快速将乳状液转移至清洁、干燥的 100 mL 量筒中，并将量筒置于恒温水浴锅中，将温度控制在 30 ℃ ± 2 ℃范围内，静置 1 h，取出，观察乳状液分离情况。如量筒中无浮油、沉油和沉淀析出，则判定乳液稳定性合格。

（二）持久起泡性测定

用 250 mL 量筒量取标准硬水 180 mL，将量筒置于实验台上，称取 1.0 g 试样加入量筒中，加硬水至距量筒底部 9 cm 的刻度线处，塞紧塞子。以量筒底部为中心，上下颠倒 30 次（每次 2 s）。将量筒放在实验台上静置 1 min，记录泡沫体积。

五、实验注意事项

1. 实验过程中的药剂均具有一定的毒性，在实验过程中应戴上手套和口罩，防止药剂与人体直接接触。

2. 在持久起泡性测定实验中，应确保塞子塞紧，避免颠倒时液体洒出。

六、讨论

1. 水乳剂发生分层的原因有哪些?

2. 如何判断水乳剂是否符合要求?

3. 简单谈谈你对国内外水乳剂发展概况的看法。

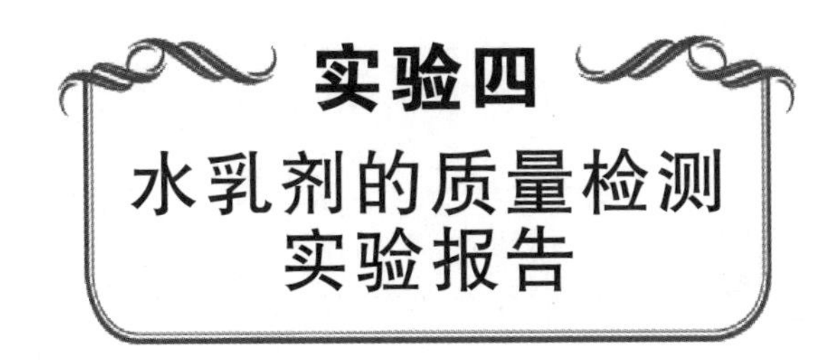

一、实验目的和意义

二、实验材料

三、实验过程

实验步骤	实验内容	实验现象	解释或结论
1. 乳液稳定性测定			
2. 持久起泡性测定			

四、实验结果和讨论

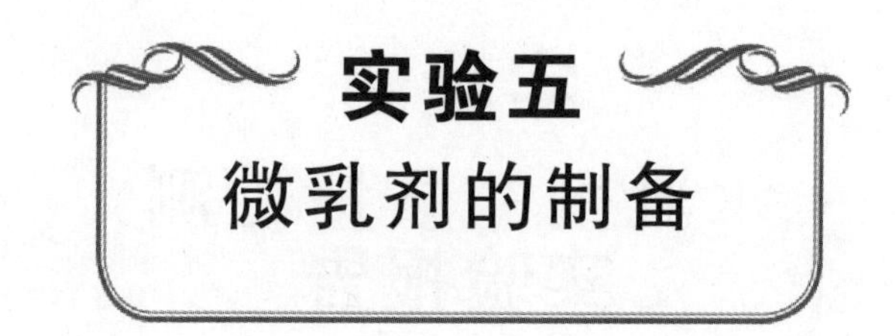

实验五 微乳剂的制备

微乳剂是一种以水为基本分散介质，有机溶剂用量很小或不用有机溶剂的水基化剂型，由原药、溶剂、乳化剂和水组成。外观为透明或半透明的均一液体，用水稀释后成为微乳状液体。微乳剂是一个自发形成的热力学稳定的分散体系，一般采用转相法制备。

微乳剂主要的特点是：（1）闪点高，不易燃，生产使用安全；（2）不用或少用有机溶剂，对环境的污染少，对生产者和使用者的毒害小；（3）粒子超细微，通常比乳油粒子小，对植物和昆虫细胞有良好的渗透性，吸收率高，低剂量就能发生药效；（4）以水为基质，资源丰富，产品的生产成本低，易包装；（5）喷洒时臭味较淡，对作物的药害及果树落花落果的影响明显减轻。

一、实验目的

1. 了解微乳剂配制的加工原理。
2. 了解并掌握微乳剂配制的基本方法。
3. 了解微乳剂的加工难点。

二、相关知识简介

（一）高效氯氰菊酯简介

同“实验三　水乳剂的制备”。

（二）实验原理

微乳剂一般为水包油（O/W）型，在水中稀释形成透明或半透明的稀微乳状液。一般采用转相法制备，即将原药与乳化剂、溶剂充分混合成均匀透明的油相，在搅拌下慢慢加入蒸馏水或去离子水，形成油包水型（W/O）乳状液，再经搅拌加热，使之迅速转相为水包油型，冷却至室温使之达到平衡，经过滤制得稳定的水包油型（O/W）微乳剂。微乳剂只在一定温度范围内稳定。

（三）配制方法及生产工艺

根据微乳剂的配方组成特点及类型要求，可选择相应的制备方法使体系达到稳定。综合国内外文献，可归纳为以下几种方法。

1.将乳化剂和去离子水混合后制成水相（此时要求乳化剂在水中有一定的溶解度，有时也将高级醇加入其中），然后将油溶性的农药在搅拌条件下加入水相，制成透明的 O/W 型微乳剂，具体过程如图 5-1 所示。

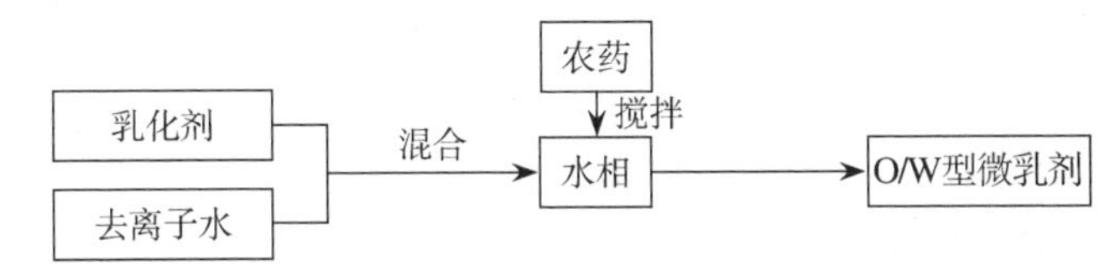

图 5-1　微乳剂配制过程示意图

2.可乳化油法。将乳化剂溶于农药油相中形成透明溶液（有时需加入部分溶剂），然后将油相滴入水中，搅拌成透明的 O/W 型微乳剂；或者相反，将水滴入油相中，形成 W/O 型微乳剂。形成何种类型的微乳剂还需看乳化剂的亲水亲油性及水量的多少，亲水性强时形成 O/W 型，如水量太少只能形成 W/O 型，具体过程如图 5-2 所示。

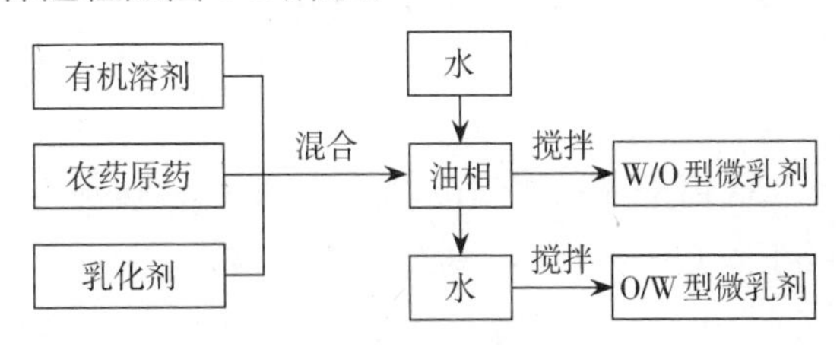

图 5-2　可乳化油法示意图

3.转相法（反相法）。将农药与乳化剂、有机溶剂充分混合成均匀透明的油相，在搅拌条件下慢慢加入蒸馏水或去离子水，形成 W/O 型乳状液，再经搅拌、加热，使之迅速转相成 O/W 型乳状液，冷却至室温使之达到平衡，经过滤制得稳定的O/W型微乳剂，具体过程如图 5-3 所示。

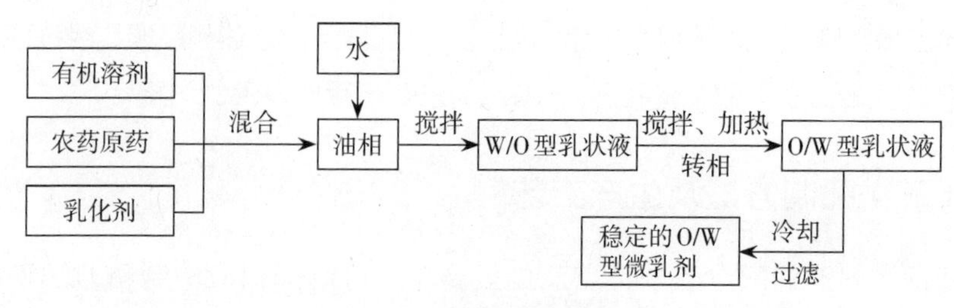

图 5-3　转相法示意图

4.二次乳化法。当体系中存在水溶性和油溶性两种不同性质的农药时，美国 ICI 公司采用二次乳化法将其调制成 W/O/W 型乳状液用于农药剂型。首先，将农药水溶液和低 HLB 值的乳化剂或 A-n-A 嵌段聚合物混合，使其在油相中乳化，经过强烈搅拌，得到粒子在 1μm以下的 W/O 型乳状液，再将其加入含有高 HLB 值乳化剂的水溶液中，平稳混合，制得 W/O/W 型乳状液，具体过程如图 5-4 所示。

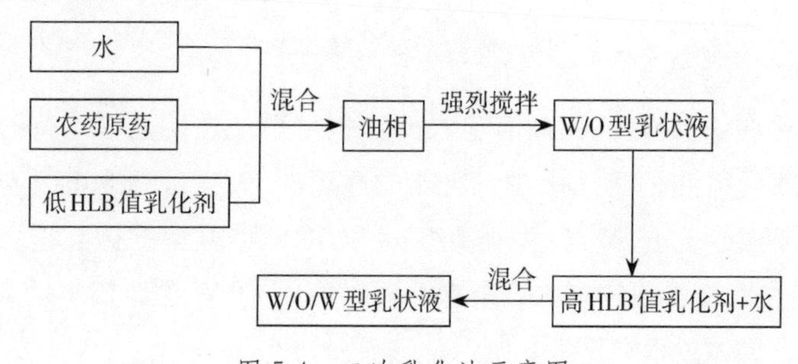

图 5-4　二次乳化法示意图

对于已确定的配方，如何选择制备方法、搅拌方式、制备温度、平衡时间等，均需通过试验，视其物理稳定性的结果来确定。特别是含有多种农药的复杂体系，需比较不同方法的优劣，确定最佳方法。

上述几种配制方法，在加工工艺上都属于分散、混合等物理过程，因此工艺比较简单。分散、混合效果除取决于配方中乳化剂的种类和用量外，与工业上所选取的调制设备、搅拌器形式、搅拌速度、搅拌时间、温度等也有一定关系。一般来说，当配方恰当时，生产乳油的搪瓷反应釜也适用于微乳剂生产，将所选组分按程序在釜中搅拌成透明制剂即可。但高速混合的匀质混合机和中速搅拌混合釜效果更好，制剂稳定，生产周期短。

三、实验材料

（一）实验药剂

高效氯氰菊酯原药，专用乳化剂，环己酮等。

（二）实验仪器

搅拌器，玻璃棒，烧杯，胶头滴管等。

四、实验步骤

1. 按配比先将助溶剂加入烧杯中，开启搅拌机，加入原药，待其完全溶解后，再加入溶剂，搅拌均匀后按比例加入乳化剂。

2. 待乳化剂完全溶解后，滴加去离子水，开启搅拌机，转速为 150 r/min。滴加完成后，稳定转速继续搅拌，待取样检测合格后可出料包装，贴上标签备用。

五、实验注意事项

1. 实验过程中的药剂均具有一定的毒性，在实验过程中应戴上手套和口罩，防止药剂与人体直接接触。

2. 仔细观察并记录实验过程中滴加水后出现的变化。

六、讨论

1. 微乳剂与乳油、水乳剂有什么异同?

2. 如何鉴别一种微乳剂的类型是水包油型还是油包水型?

3. 微乳剂在加工和贮存的过程中容易出现哪些问题?

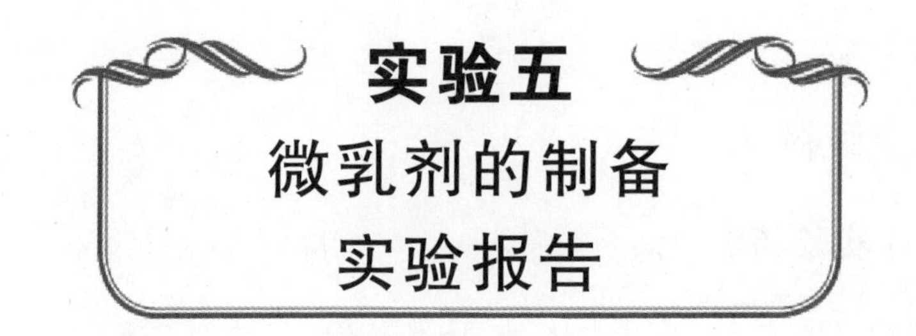

实验五 微乳剂的制备 实验报告

一、实验目的和意义

二、实验材料

三、实验过程

实验步骤	实验内容	实验现象	解释或结论
1. 乳化剂的筛选			
2. 微乳剂的配制			
3. 微乳剂的稳定性观察			

四、实验结果和讨论

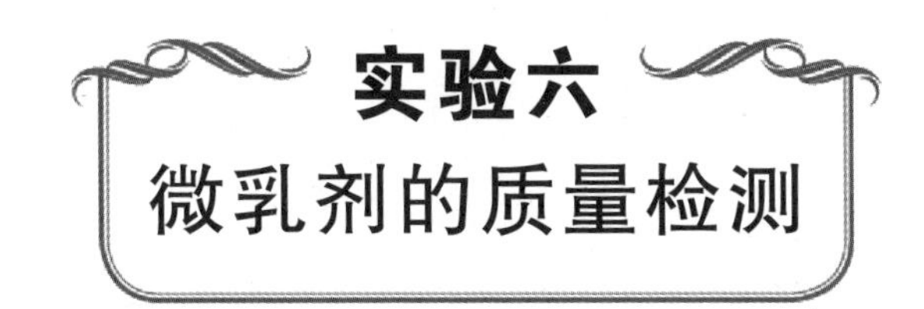

实验六 微乳剂的质量检测

一、实验目的

1. 熟知微乳剂的质量检测指标。
2. 掌握微乳剂的质量检测方法。

二、相关知识简介

微乳剂的质量控制指标为：外观透明或近似透明（均相液体）；透明温度范围为 0～56 ℃，最佳温度范围为 −5～60 ℃；在 0 ℃ ± 1 ℃下贮存 14 d 稳定；在 54 ℃ ± 2 ℃下贮存 14 d，有效成分分解率不超过 5%；乳液稳定性的稀释倍数为 100 倍。

三、实验材料

（一）实验药剂

自制的高效氯氰菊酯微乳剂等。

（二）实验仪器

恒温水浴锅，100 mL 量筒，250 mL 烧杯，玻璃棒，温度计，移液管等。

四、实验步骤

（一）外观观察

透明或近似透明的均相液体，无可见悬浮物或沉淀。

（二）透明温度范围测定

取 10 mL 样品于 25 mL 试管中，用玻璃棒上下搅动，然后置于冰浴中渐渐降温，至出现浑浊或冻结为止，此转折点的温度为透明温度下限 T_1。 再将试管置于水浴锅中，以 20 ℃/min 的速度慢慢加温，记录出现浑浊时的温度，即透明温度上限 T_2，则透明温度范围为 $T_1 \sim T_2$。

（三）浊点测定

透明温度范围测定中的 T_2 即为浊点。

（四）乳液稳定性测定

在 250 mL 烧杯中加入 100 mL 标准硬水，用移液管吸取一定样品，在不断搅拌的条件下逐渐加入硬水中，制得其乳状液（用标准硬水稀释 200 倍）。 加完后，继续搅拌 30 s，然后快速将乳状液转移到清洁、干燥的 100 mL 量筒中，并将量筒置于恒温水浴锅中，将温度控制在 30 ℃ ± 2 ℃范围内，静置1 h，取出，观察乳状液外观。 若为透明或半透明状，则判定乳液稳定性合格。

五、实验注意事项

实验过程中的药剂均具有一定的毒性，在实验过程中应戴上手套和口罩，防止药剂与人体直接接触。

六、讨论

1. 影响微乳剂浊点的因素有哪些?
2. 影响微乳剂透明温度范围的因素有哪些? 如何在配方研究中加以利用?

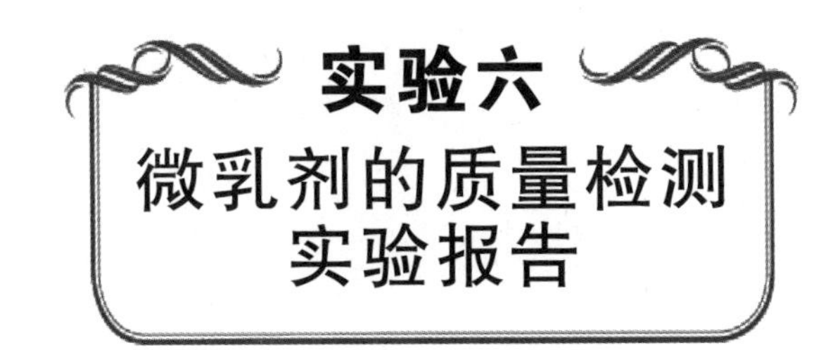

实验六 微乳剂的质量检测实验报告

一、实验目的和意义

二、 实验材料

三、实验过程

实验步骤	实验内容	实验现象	解释或结论
1. 外观观察			
2. 透明温度范围测定			
3. 浊点测定			
4. 乳液稳定性测定			

四、实验结果和讨论

第二部分

固体制剂及相关检测

GUTI ZHIJI JI XIANGGUAN JIANCE

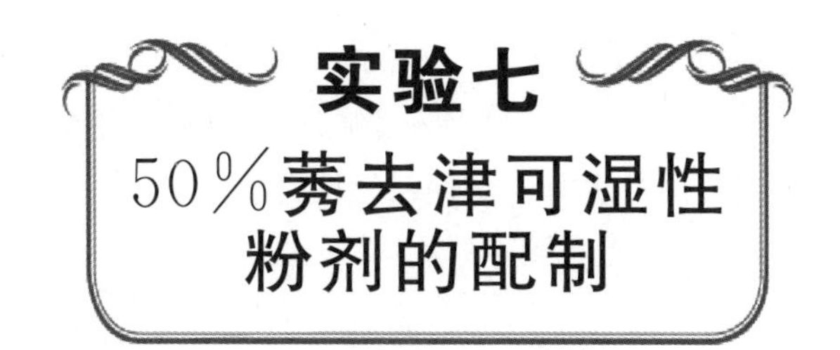

实验七 50%莠去津可湿性粉剂的配制

可湿性粉剂（Wettable Powder，WP）是指可分散于水中形成稳定的悬浮液的粉状制剂，由原药、填料或载剂、润湿剂、分散剂以及其他辅助剂，经混合、粉碎工艺形成的达到一定细度的粉状剂型。可湿性粉剂具有生产成本低，储存、运输方便的优点，且不含有机溶剂，对环境友好。

一、实验目的

1. 学习可湿性粉剂的制备步骤及技术。
2. 了解可湿性粉剂的常用载体和辅助剂种类。
3. 了解可湿性粉剂的质量控制指标。
4. 学习高速粉碎机、气流粉碎机的操作方法。
5. 制备50%莠去津可湿性粉剂。

二、相关知识简介

（一）莠去津

1. 莠去津的基本特性

莠去津的英文通用名称为Atrazine，化学名称为2-氯-4-二乙胺基-6-异丙胺基-1，3，5-三嗪，分子式为$C_8H_{14}ClN_5$，相对分子质量为215.69，结构式如图7-1所示。

图7-1 莠去津结构式

莠去津的纯品为无色结晶，熔点171～175 ℃，

25 ℃时在水中的溶解度为 33 mg/L、在甲醇中的溶解度为 18000 mg/L、在氯仿中的溶解度为 52000 mg/L。在中性、微酸性以及微碱性介质中稳定，但高温条件下可在强碱或强酸中水解成无除草活性的羟基衍生物。

2. 莠去津的毒性

整体来说莠去津对人畜低毒。急性毒性：LD_{50}（即半数致死量）672 mg/kg（大鼠经口）；850 mg/kg（小鼠经口）；750 mg/kg（兔经口）；7500 mg/kg（兔经皮）；对大鼠慢性毒性经口无作用剂量为 1000mg/kg。对人刺激性：人经皮 500 mg，中等刺激；人经眼 100 mg，严重刺激。

（二）可湿性粉剂的特点及原药加工成可湿性粉剂的条件

1. 可湿性粉剂的特点

不溶于水的原药都可加工成 WP；附着性强，飘移少，对环境污染轻；不含有机溶剂，环境相容性好；便于贮存、运输；生产成本低，生产技术、设备配套成熟；有效成分含量比粉剂高；加工中有一定的粉尘污染；是研发新剂型悬浮剂（SC）、水分散粒剂（WG）、可乳化粉剂（EP）、可乳化粒剂（EG）、可分散片剂（WT）等的基础。

2. 原药加工成可湿性粉剂的条件

一种原药如为固体，且熔点较高，易粉碎，则适宜加工成粉剂（DP）或 WP；如需制成高浓度或喷雾使用，一般加工成 WP；如原药不溶于常用的有机溶剂或溶解度很小，则该原药大多加工成 WP，例如杀菌剂、除草剂；原油或低熔点固体原药，一般不加工成 WP；防治卫生害虫用的杀虫剂，多加工成 WP；研制和开发农药新品种时，一般多加工成 WP。

三、实验材料

（一）实验药剂

莠去津，K12，分散剂 NNO，白炭黑，轻质碳酸钙等。

（二）实验仪器

万能粉碎机（图 7-1），气流粉碎机（图 7-2），电子天平、烧杯等。

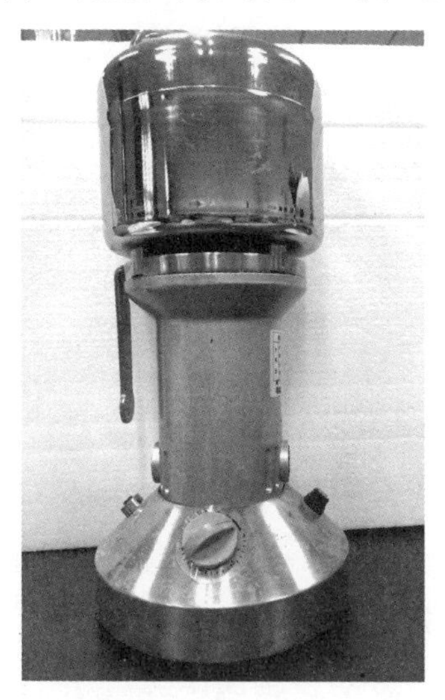

图 7-1 万能粉碎机

图 7-2 气流粉碎机

a.气泵部分 b.主机部分

四、实验步骤

配方：莠去津原药占 50%，K12 占 2%，NNO 占 4%，白炭黑占 5%，轻质碳酸钙补足至 100%。

按照配方称取莠去津原药、润湿剂、分散剂及填料，在万能粉碎机中进行预混合；再按气流粉碎机粉碎流程进行细粉碎；取样检测 50％莠去津可湿性粉剂的各项质量控制指标。详细步骤见图 7-3 所示。

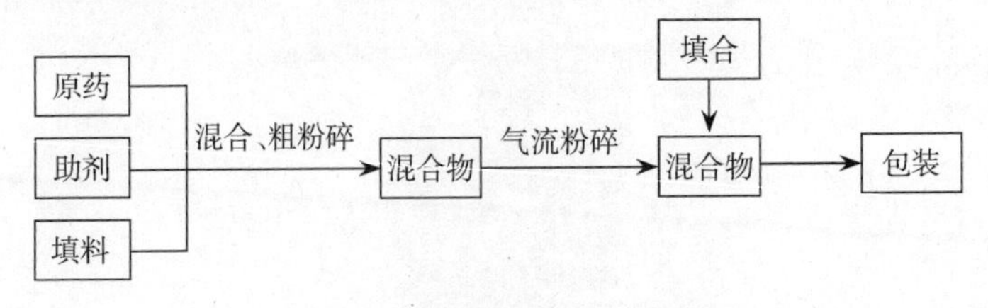

图 7-3　可湿性粉剂工艺流程图

五、实验注意事项

1. 实验过程中的药剂均具有一定的毒性，在实验过程中应戴上手套和口罩，防止药剂与人体直接接触。

2. 实验过程中注意粉碎机的安全操作。

六、讨论

润湿剂和分散剂是农药可湿性粉剂的关键组分，二者选择的顺序及原则是什么？

实验七

50%莠去津可湿性粉剂的配制实验报告

一、实验目的和意义

二、实验材料

三、实验过程

实验步骤	实验内容	实验现象	解释或结论
1. 可湿性粉剂的配制			
2. 可湿性粉剂水悬浮液状态的观察			

四、实验结果与讨论

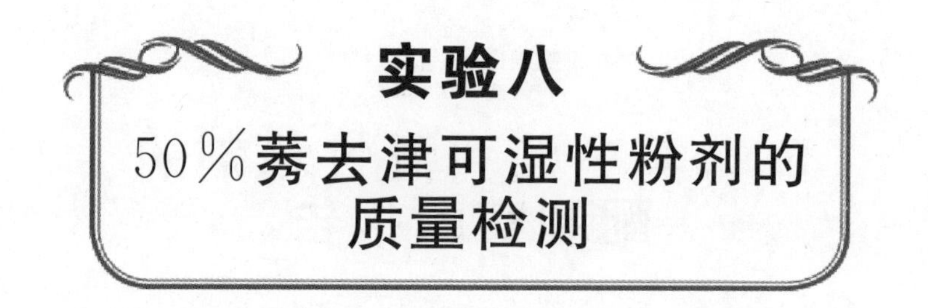

实验八 50%莠去津可湿性粉剂的质量检测

一、实验目的

1. 掌握可湿性粉剂的质量检测指标。
2. 学习可湿性粉剂的质量检测方法。

二、相关知识简介

（一）组成和外观

本品应由符合标准的莠去津原药、助剂和填料加工制成。 外观应是流动的粉状固体，存放过程中不应有结块。

（二）质量检测指标及参考值

50%莠去津可湿性粉剂应符合下表要求。

表 8-1　50%莠去津可湿性粉剂部分质量检测指标及参考值

项目	参考值
莠去津含量	50.0%±2.5%
水分含量	≤2.5%
悬浮率	≥60%
润湿时间（s）	≤120
pH	6.0～10.0
细度（通过 325 目筛）	≥95%
热储稳定性	合格

三、实验材料

（一）实验药剂

自制的莠去津可湿性粉剂，无水氯化钙（分析纯），氯化镁（分析纯），标准硬水（342 mg $CaCO_3$/kg，经 500～550 ℃灼烧 2 h 后冷却至室温的无水氯化钙 0.304 g 和经 50～60 ℃干燥 2 h 后冷却至室温的 $MgCl_2 \cdot 6H_2O$ 0.139 g，用蒸馏水溶液稀释至 1000 mL，摇匀等）。

（二）实验仪器

气相色谱仪（图 8-1），250 mL 带磨口玻璃塞的量筒，玻璃吸管，恒温水浴锅，电子天平，325 目标准筛，200 mL 烧杯，500 mL 烧杯，250 mL 烧杯，橡皮管，蒸发皿，秒表，玻璃棒等。

图 8-1　气相色谱仪

四、实验步骤

（一）有效成分含量测定

有效成分含量测定采用气相色谱法。 分析条件：采用 2 m × 4 mm 不锈钢柱，5%XE-60 Chromosorb WAWDMCS 150～180 μm，柱温为 212 ℃，检测温度为 250 ℃，载气（N_2）为 20 mL/min，内标物为西草净。

（二）悬浮率测定

悬浮率是检验农药可湿性粉剂质量的重要指标之一。

将整袋产品混合均匀。称取试样 5 g（称准至 0.0002 g），置于装有 50 mL 30 ℃ ± 2 ℃标准硬水的 200 mL 烧杯中，用手摇荡做圆周运动，每分钟约 120 次，振荡 2 min。然后将悬浮液在同一温度的水浴中放置 13 min，用 30 ℃ ± 2 ℃的标准硬水将其全部清洗倒入 250 mL 量筒中，并稀释至刻度，塞紧塞子。以量筒底部为轴心，将量筒在 1 min 内上下颠倒 30 次。打开塞子，将量筒垂直放入无振动的恒温水浴锅中，避免阳光直射，放置 30 min。用吸管在 10 ~ 15 s 内将量筒内容物上部的 9/10（即 225 mL）悬浮液移出。移液时，吸管的管口应沿着量筒内壁，随液面的下降而下移，以确保吸管的顶端总是在液面下几毫米处，避免下部沉淀物被搅动。按规定方法测定试样和留在量筒底部 25 mL 悬浮液中的莠去津质量。

试样中的莠去津悬浮率 w_1（%）按下式计算。

$$w_1=\frac{m_1-m_2}{m_1}\times\frac{10}{9}\times 100\%$$

式中：m_1表示配制悬浮液时所取试样中莠去津的质量，m_2表示留在量筒底部 25 mL 悬浮液中莠去津的质量，单位均为克（g）；10/9 表示换算系数。

（三）细度测定

细度是检验农药可湿性粉剂质量的重要指标之一。

称取 20 g 试样（精确至 0.2 g）置于 500 mL 烧杯中，加入 300 mL 水，用玻璃棒（一端可套上 3 ~ 4 cm 乳胶管）搅拌 2 ~ 3 min，使其呈悬浊状。然后全部倒至试验筛上，再用清水冲洗烧杯，清洗液也倒至筛中，直至烧杯底部的粗颗粒全部洗至筛中为止。接着用内径为 9 ~ 10 mm 的橡皮管导出自来水冲洗筛上的残余物，水流速度为 4 ~ 5 L/min。橡皮管末端出口以保持与筛缘平齐为度（距筛表面 5 mm 左右）。在筛洗过程中，保持水流对准筛上的残余物，使其能充分洗涤，一直洗到通过筛的水清亮透明，没有明显的悬浮物存在为止。把残余物冲至筛的一角，并转移至恒重的蒸发皿中，将蒸发皿中的水分加热至近干，再置于烘箱内，在适宜的温度下烘干，冷却，称至恒重（精确至0.01 g）。

试样细度 X_2（%）按下式计算。

$$X_2=\frac{G-a}{G}\times 100\%$$

式中：G 表示可湿性粉剂试样的质量，单位为克（g）；a 表示筛上残余物的质量，单位为克（g）。

（四）农药可湿性粉剂的润湿性测定

农药可湿性粉剂的润湿性是检验制剂质量的重要指标之一。

取标准硬水 100 mL ± 1 mL 倒入 250 mL 烧杯中，将此烧杯置于 25 ℃ ± 1 ℃的恒温水浴锅中，使其液面与水浴水平面齐平。待硬水升温至 25 ℃ ± 1 ℃时，用表面皿称取 5 g ± 0.1 g 试样，将全部试样从与烧杯口齐平的位置一次均匀地倾倒在烧杯的液面上，不要过分搅动液面。加样品后立即用秒表计时，直至试样全部润湿，记下润湿时间。如此重复 5 次，取平均值，作为该样品的润湿时间。

五、实验注意事项

1. 实验过程中的药剂均具有一定的毒性，在实验过程中应戴上手套和口罩，防止药剂与人体直接接触。

2. 实验过程中应注意仪器的安全操作。

六、讨论

农药可湿性粉剂质量鉴定指标制定的依据是什么？

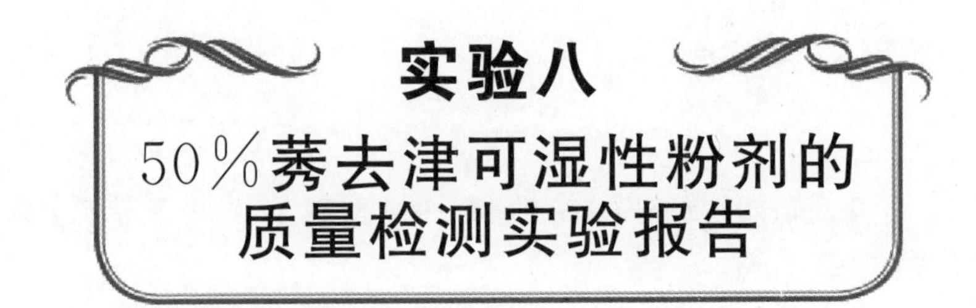

一、实验目的和意义

二、实验材料

三、实验过程

实验步骤	实验内容	实验现象	解释或结论
1. 有效成分含量测定			
2. 悬浮率测定			
3. 细度测定			
4. 农药可湿性粉剂的润湿性测定			

四、实验结果和讨论

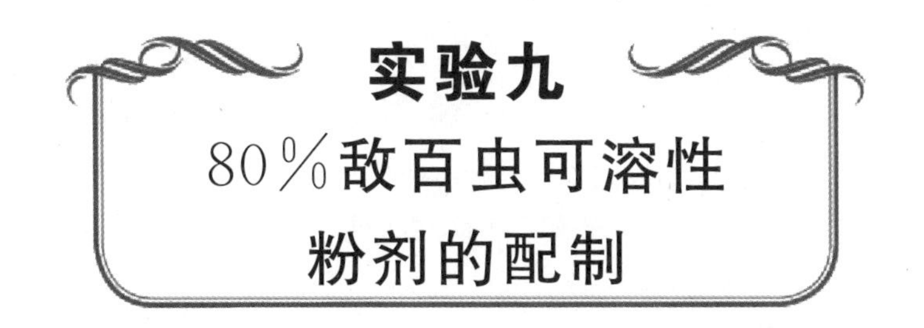

实验九 80%敌百虫可溶性粉剂的配制

可溶性粉剂由于不含有机溶剂，故不会因溶剂而产生药害和环境污染，在防治蔬菜、果园、花卉及环境卫生方面的病、虫、草害上颇受欢迎。

一、实验目的

1. 学习80%敌百虫可溶性粉剂的制备技术。
2. 了解制备可溶性粉剂常用的辅助剂及载体。
3. 学习高速粉碎机、气流粉碎机的操作方法。

二、相关知识简介

（一）敌百虫

1. 敌百虫的基本特性

敌百虫的英文通用名称为 Trichlorfon，化学名称为 O，O-二甲基-（2，2，2-三氯-1-羟基乙基）磷酸酯，分子式为 $C_4H_8Cl_3O_4P$，相对分子质量为257.42，结构式如图9-1所示。

$$CH_3O-\overset{\overset{\displaystyle O}{\|}}{\underset{\underset{\displaystyle OCH_3}{|}}{P}}-\overset{\overset{\displaystyle OH}{|}}{C}HCCl_3$$

图9-1 敌百虫结构式

敌百虫纯品为无色结晶粉末，熔点83 ℃，密度1.73 g/cm^3，在水中的溶解度为120 g/L（20 ℃），溶于苯、乙醇等多种有机溶剂，但不溶于脂肪烃和石油。在室温下稳定，但遇碱则水解成敌敌畏。敌百虫属于有机磷农药磷酸酯类型的一种，磷酸可以直接与醇发生酯化反应，被酯化即为磷酸酯。大部分有机磷农药在碱性条件下易分解而失去毒性，在酸性及中性溶液中较稳定。但敌百虫在碱性条件下分解的产物敌敌畏，其毒性增大了10倍。其毒性以急性中毒为主，慢性中毒较小。

2. 敌百虫的毒性

急性毒性 LD_{50}：400～600 mg/kg（小鼠经口）；1700～1900 mg/kg（小鼠经皮）。人经口估计致死量：10～20 g。

（二）加工方法

加工可溶性粉剂的方法有喷雾冷凝成型法、粉碎法和干燥法。现将每种方法所要求的原药性能、状态和应用实例列于表9-1中。

表9-1 可溶性粉剂的配制方法

方法	原药的性能和状态要求	应用实例
喷雾冷凝成型法	合成的原药为熔融态或加热熔化后而不分解的固体原药，它们在室温下能形成晶体，在水中有一定的溶解度	敌百虫、乙酰甲胺磷、吡虫清等
粉碎法	原药为固体，在水中有一定的溶解度	敌百虫、乙酰甲胺磷、杀虫环、乐果、野燕枯等
干燥法	合成出来的原药大多是其盐的水溶液，经干燥不分解而得固体物	杀虫双、多菌灵盐酸盐、杀虫脒盐酸盐等

1. 喷雾冷凝成型法

（1）概述。

多年来，我国敌百虫原药没有合适的加工工艺，绝大多数产品都不经加工，直接热熔包装。这样不仅使工人中毒严重，而且在贮运过程中原药流失、分解损失很大并结成大块，导致使用非常不便。德国拜耳公司生产的质量分数为80%和90%的敌百虫可溶性粉剂是用质量分数为95%左右的结晶敌百虫配合填料和助剂经气流粉碎而制得的。我国敌百虫一级品只有90%（质量分数)，而工业品在88%(质量分数)左右。对这一质量的块状原药采用气流粉碎工艺需要经多次粉碎，实施起来比较困难，而且也不能解决敌百虫原药热熔包装过程中工人中毒的问题。因此，安徽省化工研究院承担了高浓度敌百虫可溶性粉剂的研制任务，采用喷雾冷凝成型法，于1978年完成了1500 t/a质量分数为80%的敌百虫可溶性粉剂的中试鉴定。在此工作基础上，1981年又完成了1500 t/a质量分数为75%的乙酰甲胺磷可溶性粉剂的中试鉴定。

(2)基本原理及塔高、塔径的估算。

熔融敌百虫(或乙酰甲胺磷)即使冷却到凝固点以下，往往也会产生过冷现象，不析出结晶或延迟结晶时间。为此，将熔融敌百虫(或乙酰甲胺磷)与填料、助剂调匀，同时不断降低料温，使其形成无数微晶。物料从气流式喷嘴喷出的瞬间，只要塔的高度能使雾滴在塔内停留的时间(t)大于雾滴和气体间完成热交换所需的时间(t')，在塔底便能得到粉粒状产品。

2. 粉碎法

(1)概述。

粉碎法所采用的粉碎机有超微粉碎机和气流粉碎机。制备高浓度可溶性粉剂大多采用气流粉碎机，对一些熔点较高的原药也可以采用超微粉碎机。

(2)气流粉碎的基本原理。

气流粉碎是利用高速气流的能量来加速被粉碎粒子(原药、填料和助剂)的飞行速度(往往达到每秒数百米)，粒子之间的高速冲击以及气流对物料的剪切作用可将物料粉碎至10 μm以下。被压缩的高速气流通过喷嘴进入粉碎室时，绝热膨胀，温度低于常温，是“冷粉碎”方式，物料温度几乎不会上升，所以特别适合用来将低熔点的原药加工成高浓度的可溶性粉剂或高浓度的母粉。到目前为止，已被使用且具有代表性的气流粉碎机有扁平式(Mi-croni-zer)、循环管式(Jet-O-Mill)、对冲式、旋转式、靶式和流化床式等6种。采用气流粉碎工艺加工的高浓度可溶性粉剂，产品粒度细，98%可通过325目筛，有效成分在水中溶解迅速，但生产能力小，能耗较喷雾冷凝成型法高。

3. 干燥法

（1）概述。

合成的原药是其盐的水溶液（如杀虫双、单甲脒等），或经过酸化处理转变成盐的水溶液（如多菌灵盐酸盐），只要经过干燥脱水，而有效成分又不分解，就可得到固体物。采用辊筒干燥机、真空干燥机或箱式干燥机均能脱水，但所得的是块状产品，需再经粉碎，方可得到可溶性粉剂；采用喷雾干燥，在完成干燥脱水的同时，即可制得可溶性粉剂。虽然喷雾干燥法在染料工业、日用化工和食品工业中已广泛使用，但到目前为止，国内尚没有用这种工艺生产出农药可溶性粉剂的商品。

（2）基本原理。

含有有效成分的水溶液，经喷嘴雾化成雾滴，在干燥塔中沉降，只要它在塔内停留的时间大于水蒸发完成热交换所需的时间，便可收集到粉粒状物料。根据喷雾液的水分、产品的湿含量、产品的产量、进入塔内的热气流温度、空气温度、空气湿度以及所采用的喷嘴形式（旋转式、气流式或压力式）、喷雾的雾滴和热气流的相对流向（并流、逆流或逆—并流），可以设计出所需设备的尺寸，如塔高、塔径、喷嘴孔径等。

三、实验材料

（一）实验药剂

敌百虫，白炭黑，硫酸钠，陶土，轻质碳酸钙，木质素硫磺钠，十二烷基硫酸钠，硫酸铵，尿素，蔗糖。

（二）实验仪器

天平（精确至 0.01 g），研钵，高速粉碎机，气流粉碎机，自封袋等。

四、实验步骤

按比例称取原药与助剂，并将其混合物在研钵中初步磨细，混匀后，分别于高速粉碎机（粉碎时间大约 1 min）、气流粉碎机中粉碎，制成 80%可溶性粉剂，详细流程如图 9-1 所示。

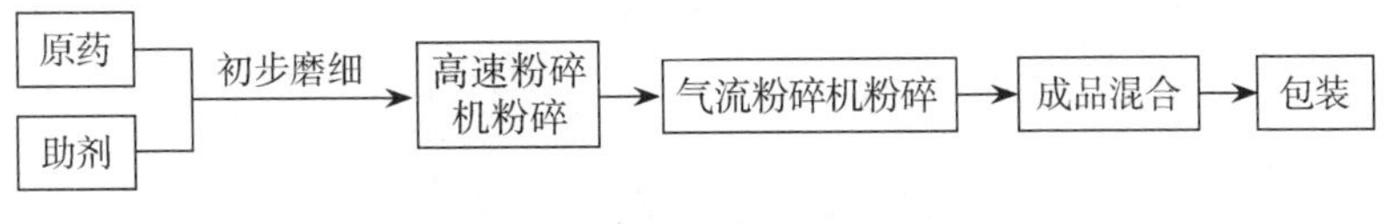

图 9-1 可溶性粉剂加工工艺流程图

五、实验注意事项

1. 实验过程中的药剂均具有一定的毒性，在实验过程中应戴上手套和口罩，防止药剂与人体直接接触。

2. 实验过程中使用气流粉碎机时应注意仪器的安全操作。

六、讨论

1. 具有什么性质的农药原药适合制备成可溶性粉剂?

2. 可溶性粉剂与可湿性粉剂有何异同?

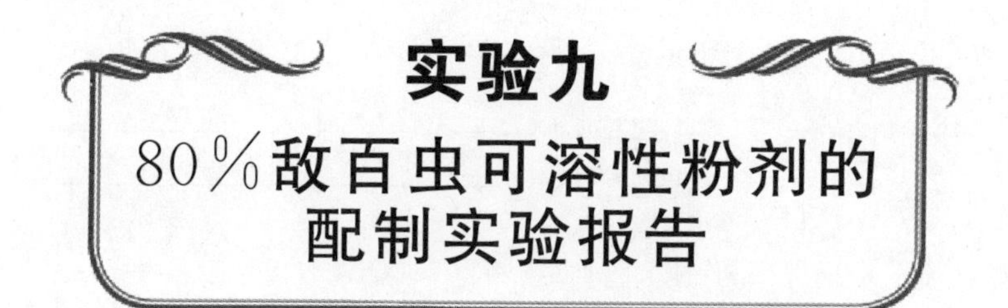

一、实验目的和意义

二、实验材料

三、实验过程

实验步骤	实验内容	实验现象	解释或结论
1. 可溶性粉剂的配制			
2. 可溶性粉剂水溶液状态观察			

四、实验结果与讨论

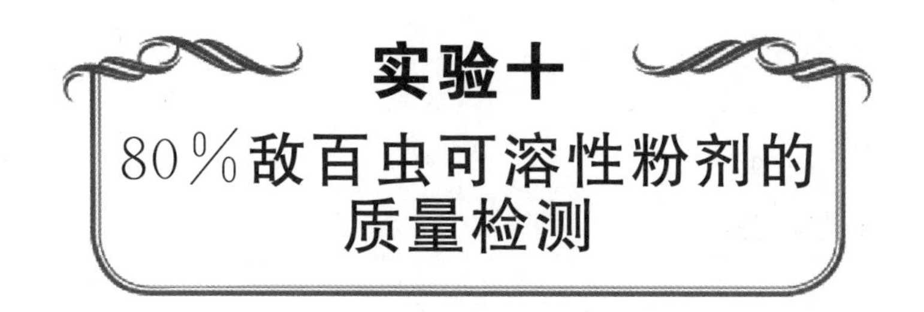

实验十 80%敌百虫可溶性粉剂的质量检测

可溶性粉剂质量检测的主要技术指标包括有效成分含量、水分、pH、润湿时间、溶解程度、溶液稳定性、持久泡沫量、热贮稳定性等。

一、实验目的

1. 掌握可溶性粉剂的质量检测标准。
2. 学习可溶性粉剂的质量检测方法。

二、相关知识简介

(一) pH

pH 即氢离子浓度的负对数，是溶液中氢离子活度的一种标度，也就是通常意义上溶液酸碱程度的衡量标准。 农药的 pH 是农药的一项重要理化性质参数，随农药有效成分、生产工艺、辅料、剂型等的不同而不同。 测定农药 pH 可为农药的包装和使用等提供参考依据，以保障农药的使用安全有效。

(二) 润湿时间

润湿时间是指可溶性粉剂从倒入水中到表面完全湿润的时间。 一般控制在 90 s 之内。 润湿时间高于 120 s 的可溶性粉剂，其润湿性能不佳。

三、实验材料

（一）实验药剂

自制的 80%敌百虫可溶性粉剂，标准硬水（同实验八）。

（二）实验仪器

秒表，滤纸，具塞磨口量筒，250 mL 烧杯，表面皿，电子天平、75 mm 实验筛、恒温水浴锅等。

四、实验步骤

（一）润湿时间的测定

测定方法：取 342 mg/L 标准硬水 100 mL 倒入 250 mL 烧杯中，将此烧杯置于 25 ℃ ± 1 ℃的恒温水浴锅中，使其液面与水浴水平面齐平。待硬水升温至 25 ℃ ± 1 ℃时，用表面皿称取 5.0 g 试样，将全部试样从与烧杯口齐平的位置一次性均匀地倾倒在烧杯的液面上，不要过分搅动液面。加样品后立即用秒表计时，直至试样全部湿润，记下润湿时间。如此重复 5 次，取其平均值，作为该样品的润湿时间。

依润湿时间长短衡量样品质量好坏（润湿时间小于 120 s 为合格）。

（二）溶液稳定性的测定

1. 试样溶液的制备

在 250 mL 量筒中加入 2/3 体积的标准硬水，将其在水浴中加热至 25 ℃，加入 3.0 g 样品后，加标准硬水至 250 mL 刻度线处。塞紧塞子，静置 30 s。用手颠倒量筒 15 次，颠倒、复位 1 次所用时间不应超过 2 s。

2. 5 min 后试验

将量筒中的试样溶液静置 5 min 左右后，倒入已恒重的 75 mm 实验筛中过滤，用 100 mL 蒸馏水洗涤实验筛。 如果有固体或结晶存在，将实验筛于 60 ℃下干燥至恒重，称量。

3. 18 h 后试验

在静置 18 h 后，再将烧杯中的溶液用 75 μm实验筛过滤，用 100 mL 蒸馏水洗涤实验筛。 将实验筛于 60 ℃下干燥至恒重，称量（精确至 0.0001g）。

5 min 后的残余物细度 X_{2-1}（%）和 18 h 后的残余物细度 X_{2-2}（%）分别按下列公式计算。

$$X_{2-1}=\frac{m_2-m_1}{m}\times 100\%$$

$$X_{2-2}=\frac{m_4-m_3}{m}\times 100\%$$

式中：m_1、m_3表示筛子恒重后的质量，m_2、m_4分别表示筛子和残余物的质量，m 表示试样的质量，单位均为克（g）。

（三）持久起泡性的测定

往量筒中加标准硬水至 180 mL 刻度线处，再加入试样1.0 g，加硬水至距离量筒塞底部 9 cm 的刻度线处，塞紧塞子后，以量筒底部为中心，上下颠倒 30 次（每次 2 s）。 于实验台上静置1 min，记录泡沫体积。

五、实验注意事项

1. 实验过程中的药剂均具有一定的毒性，在实验过程中应戴上手套和口罩，防止药剂与人体直接接触。

2. 实验过程中应注意仪器的操作安全。

六、讨论

影响可溶性粉剂理化性能的因素有哪些？

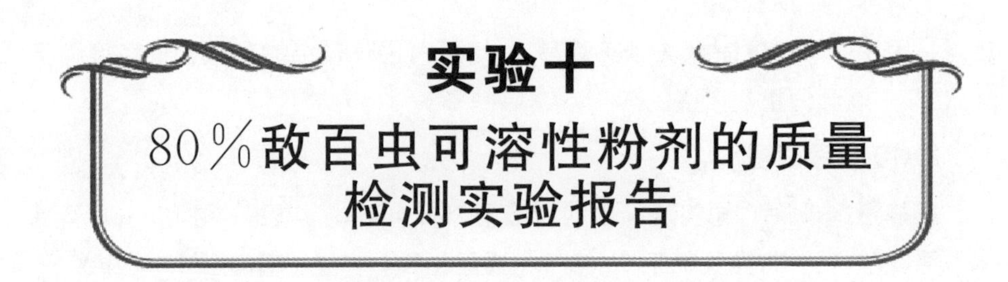

实验十
80%敌百虫可溶性粉剂的质量检测实验报告

一、实验目的和意义

二、实验材料

三、实验过程

实验步骤	实验内容	实验现象	解释或结论
1. 润湿时间的测定			
2. 溶液稳定性的测定			
3. 持久起泡性的测定			

四、实验结果与讨论

实验十一
3%辛硫磷颗粒剂的配制

使用颗粒剂农药可以减少施药过程中操作人员身体吸入微粉，避免中毒事故发生；可使高毒农药低毒化；可直接用手撒施，而不致中毒；易于控制药剂中有效成分的释放速度，延长持效期；不附着于植物的茎叶上，可避免直接接触产生的药害。

一、实验目的

1. 了解颗粒剂的配方组成及各组分的用途。
2. 了解颗粒剂的造粒方法，会用挤压造粒法制备颗粒剂。

二、相关知识简介

（一）辛硫磷

1.辛硫磷的基本特性

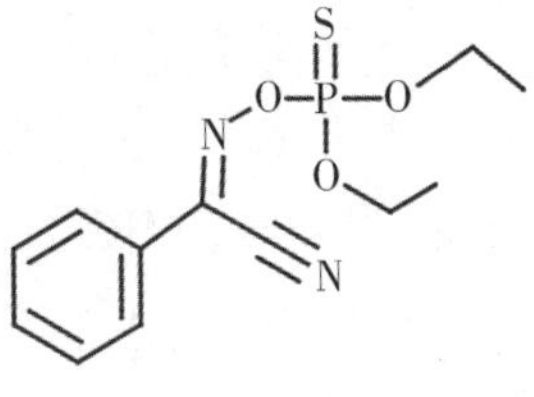

辛硫磷的通用品种 Chlorpyrifos，分子式为 $C_{12}H_{15}N_{2}O_{3}PS$，化学名称为 O，O-二乙基-O-（苯乙腈酮肟）硫代磷酸酯，相对分子质量为298.29，结构式如图 11-1 所示。辛硫磷为黄色液体（原药为红棕色油状液体），熔点为 6.1 ℃，沸点为 120 ℃（1.33 帕），密度为 1.178 g/mL （20 ℃）。在水中的溶解度为 1.5 mg/L（20 ℃），在甲苯、正己烷、二氯甲烷、异丙醇中的溶解度均大于 200 g/L（20 ℃），微溶于脂肪烃类。在植物油和矿物油中缓慢水解，在紫外光下逐渐分解。

图 11-1　辛硫磷结构式

2.辛硫磷的毒性

急性毒性 LD_{50}：2170 mg/kg（雄大鼠经口）；1000 mg/kg（大鼠经皮）；250 mg/kg（狗经口）；250～500 mg/kg（雌猫和雌狗经口）；250～375 mg/kg（雌兔经口）。

（二）湿法制备颗粒剂

湿法制粒是指在药物粉料中加入黏合剂或润湿剂，靠液体的架桥或黏结作用使粉末聚结在一起而制备颗粒剂的方法。湿法制剂的机理首先是黏合剂中的液体将药物粉末表面润湿，使粉粒间产生黏着力，然后在液体架桥与外加机械力的作用下制成一定形状和大小的颗粒，经干燥后最终以固体桥的形式固结。由于湿法制成的颗粒经过表面湿润，故具有颗粒质量好、外形美观、耐磨性较强、压缩成形性好等优点，在医药工业中应用最为广泛。湿法制备的过程为制粒的关键，制得的软材料以“手握成团，轻按即散”为宜。

湿法制粒常用的设备有摇摆式制粒机、快速混合制粒机等。

（三）干法制备颗粒剂

干法制粒是将药物粉末（必要时加入稀释剂等）混匀后，用适宜的设备直接压成块，再破碎成所需大小颗粒的方法。该法靠压缩力的作用使粒子间产生合力，常用于热敏性物料、遇水不稳定的药物及压缩易成形的药物。该方法简单、省工省时，但应注意压缩有可能引起晶型转变及活性降低等。

干法制粒有滚压法和重压法两种。所谓滚压法是将药物与辅料混合均匀后，先用压块设备将其挤压成具有一定形状、硬度适宜的块状物，然后将其碎解成一定粒径的颗粒。重压法又称大片法，是将药物和辅料均匀混合后，先用较强压力的压片机将其压成直径为 20 mm 左右的片坯，最后再粉碎成所需粒径的颗粒。

干法制粒常用的设备有干法制粒机。

三、实验材料

（一）实验药剂

辛硫磷，硅藻土，滑石，阿拉伯胶，月桂醇硫酸钠等。

（二）实验仪器

万能粉碎机，旋转式制粒机（图 11-2），电子天平等。

图 11-2　旋转式制粒机

四、实验步骤

1. 设计配方，按配方将助剂和原药混匀，在万能粉碎机中粉碎 30 s，取出后再次充分混匀。

2. 向粉碎、混匀的样品中加适量的水（水量以刚好能够挤出颗粒为最佳），然后将样品在旋转式制粒机中挤压造粒。

3. 将上一步骤中所得的样品烘干、整粒、筛分，即制得 3% 辛硫磷颗粒剂。

五、实验注意事项

1. 实验过程中的药剂均具有一定的毒性，在实验过程中应戴上手套和口罩，防止药剂与人体直接接触。

2. 在使用旋转造粒机的过程中应注意仪器的操作安全。

六、讨论

1. 农药颗粒剂的优缺点各有哪些?

2. 在挤压造粒过程中，载体、黏结剂和水各起什么作用?

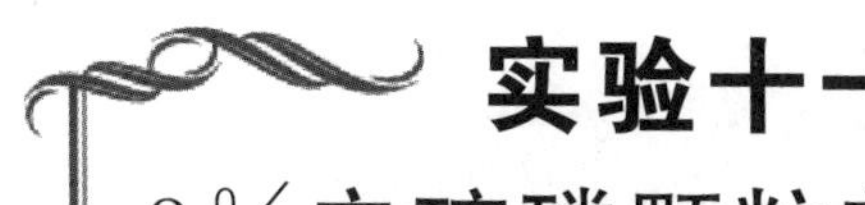

实验十一

3%辛硫磷颗粒剂的配制实验报告

一、实验目的和意义

二、实验材料

三、实验过程

实验步骤	实验内容	实验现象	解释或结论
1. 颗粒剂的配制			
2. 颗粒剂形态的观察			

四、实验结果与讨论

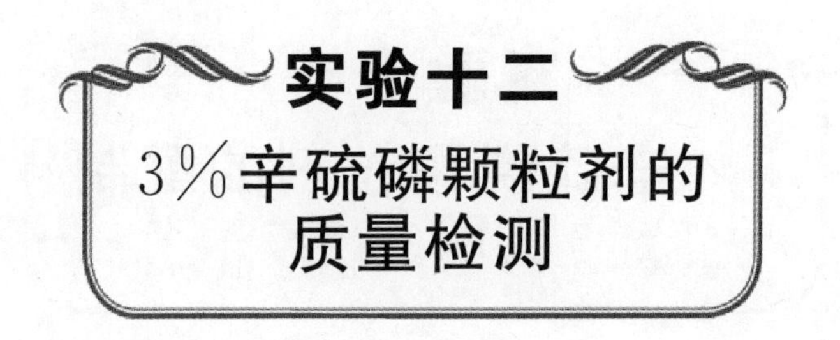

颗粒剂的质量检测要求检查外观、活性组分含量、悬浮率〔针对可分散粒剂（WG），可溶粒剂（SG）没有这一项〕、润湿性（针对 WG，SG 没有这一项）、崩解性（针对 WG，SG 没有这一项）、水分、湿筛、起泡性、热储稳定性、冷储稳定性、pH 等指标。

一、实验目的

1. 掌握颗粒剂的质量检测标准。
2. 学习颗粒剂的质量检测方法。

二、相关知识简介

（一）悬浮率

悬浮率是可湿性粉剂、悬浮剂、水分散粒剂、微囊剂等农药剂型的质量指标之一。它是将这些剂型的农药用水稀释配成悬浮液，在特定温度下静置一定时间后，以仍悬浮在水中的有效成分的量占原样品中有效成分量的百分率来表示的。

（二）润湿性

润湿性是指一种液体在一种固体表面铺展的能力或倾向性。粉体的润湿性对片剂、颗粒剂等固体制剂的崩解性、溶解性等具有很重要的意义。

（三）崩解性

崩解性又称湿化性，是将颗粒置于静水中，受水浸入的影响导致颗粒间的结构联结能力和强度削弱或丧失，进而使颗粒崩散解体的特性。

三、实验材料

（一）实验药剂

自制的 3％辛硫磷颗粒剂等。

（二）实验仪器

电子天平，水分测定仪（图 12-1），球磨机（图 12-2），接受器、500 mL 圆底烧瓶，量筒，标准筛，多孔瓷片，30 mm 瓷球等。

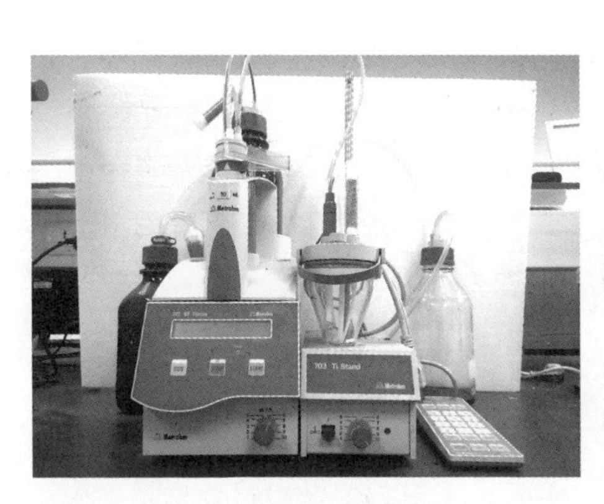

图 12-1　水分测定仪

图 12-2　球磨机

四、实验步骤

（一）水分含量的测定

装配好水分测定仪，在烧瓶中装入 200 mL 溶剂和 1 小片多孔瓷片，回流 45 min，冷却，弃去接受器中的水。

称取试样并转移到含有干燥过的甲苯的 500 mL 烧瓶中；连接仪器，以每秒 2～5 滴的速度蒸馏至除刻度管底部外仪器的任何部位不再有可见冷凝水，所收集的水的体积在 5 min 内不变为止。让仪器冷却至室温，用细金属丝把附着在接受器壁上的水滴赶下，读取水的体积。

试样中的水分按下式计算。

$$水分含量=\frac{100V}{w}$$

式中：V 表示接受器壁上收集的水滴体积，单位为毫升（mL）；w 表示样品的质量，单位为克（g）。

（二）粒度分布的测定

将样品 20 g 放入标准筛，用振荡器振荡 10 min，然后取下筛网上残留的试样称重，计算试样存留百分率。

（三）水中崩解性的测定

目测并记录。

（四）硬度的测定

用标准筛筛分 100 g 样品，装入球磨机瓷罐，以 75 r/min 回转 15 min，取出试样，放入标准筛，用振荡器振荡 10 min，计算通过筛网的质量。

$$硬度(\%)=\left(1-\frac{w}{试样量}\right)\times 100\%$$

式中：w 表示样品质量，单位为克（g）。

五、注意事项

1. 实验过程中的药剂均具有一定的毒性，在实验过程中应戴上手套和口罩，防止药剂与人体直接接触。

2. 实验过程中应注意仪器的操作安全。

六、讨论

颗粒剂加工方法的选择对颗粒剂的硬度有何影响？

实验十二

3%辛硫磷颗粒剂的质量检测实验报告

一、实验目的和意义

____

____

____

二、实验材料

____

____

三、实验过程

实验步骤	实验内容	实验现象	解释或结论
1. 水分含量的测定			
2. 粒度分布的测定			
3. 水中崩解性的测定			
4. 硬度的测定			

四、实验结果与讨论

____

____

第三部分

制剂常规性能检测

ZHIJI CHANGGUI XINGNENG JIANCE

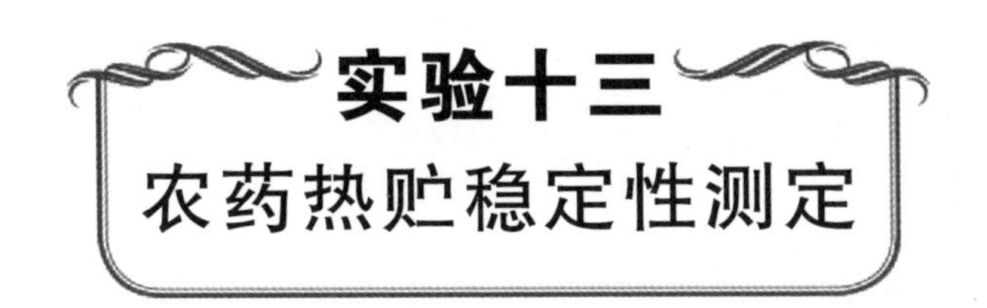

实验十三 农药热贮稳定性测定

一、实验目的

1. 掌握热贮稳定性的概念及其在农药使用过程中的意义。

2. 了解不同药剂热贮稳定性的测定方法。

二、相关知识简介

各种制剂在贮存期间会慢慢发生物理变化和化学变化，如粉剂、可湿性粉剂可能出现结块、发黏，流动性、悬浮率降低；乳油可能出现分层、沉淀，乳化性状变坏，有效成分会慢慢分解失效。

为保证制剂在一定贮存期内的有效性，要求产品应有良好的贮藏稳定性。将制剂样品常温贮存 1 年或 2 年后评价其稳定性最为直观可靠，但时间太长。加热条件下进行贮藏稳定性试验，可缩短试验时间。通常于 54 ℃ ± 2 ℃贮藏 14 d 后来评价制剂的稳定性。一般外观状态靠目测，悬浮率、流动性、乳化性按常规标准测定。测定贮藏前后样品的有效成分含量，计算分解率。通常乳油的分解率应低于 5%，可湿性粉剂的分解率应低于 10%。

三、实验材料

恒温箱（或恒温水浴锅），安瓿瓶（图 13-1）（或在 54 ℃条件下，仍能密封的具塞玻璃瓶），50 mL 医用注射器，250 mL 烧杯，内径 6.0～6.5 cm 的圆盘（直径大小应与烧杯配套，并能恰好产生 2.45 kPa 的平均压力）等。

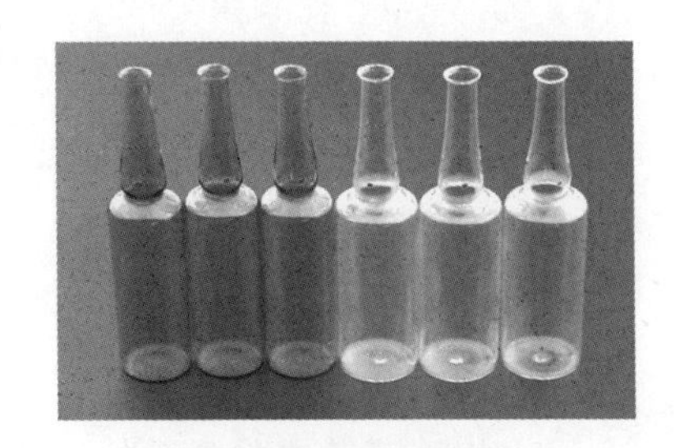

图 13-1 安瓿瓶

四、实验步骤

（一）液体制剂的测定

用注射器将约 30 mL 试样注入洁净的安瓿瓶中（避免试样接触瓶颈），将此安瓿瓶置于冰盐浴中制冷，用高温火焰封口（避免溶剂挥发），冷却至室温后称重。将封好的安瓿瓶置于金属容器内，再将金属容器在 54 ℃ ± 2 ℃的恒温箱（或恒温水浴锅）中放置 14 d。之后取出，将安瓿瓶外面拭净后称量，对质量未发生变化的试样，于 24 h 内完成对其有效成分含量等规定项目的检验。

（二）粉体制剂的测定

将 20 g 试样放入烧杯中，不加任何压力，使其铺成等厚度的平滑均匀层。将圆盘压在试样上面，置烧杯于烘箱中，在 54 ℃ ± 2℃的恒温箱（或恒温水浴锅）中放置 14 d。之后取出烧杯，拿出圆盘，放入干燥器中，使试样冷却至室温。于 24 h 内完成对样品中有效成分含量等规定项目的检验。

（三）其他制剂的测定

将 20 g 试样放入玻璃瓶中，使其铺成平滑均匀层，将玻璃瓶于 54 ℃ ± 2 ℃的恒温箱（或恒温水浴锅）中放置 14 d。之后取出，放入干燥器中，使试样冷却至室温。于 24 h 内完成对样品中有效成分含量等规定项目的检验。

五、实验注意事项

1. 为避免皮肤与药剂直接接触，操作过程中应全程戴上手套和口罩。
2. 实验过程中应注意仪器的操作安全。

六、讨论

1. 除了有效成分含量外，还应检测哪些指标？
2. 不同剂型有哪些不同指标需要检测？

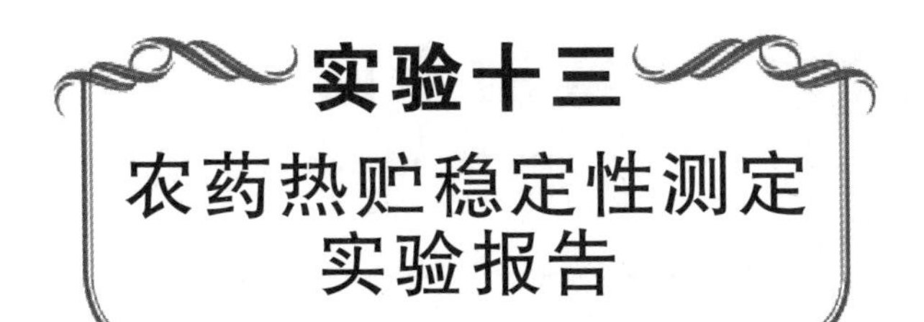

一、实验目的和意义

二、实验材料

三、实验过程

实验步骤	实验内容	实验现象	解释或结论
1. 液体制剂的测定			
2. 粉体制剂的测定			
3. 其他制剂的测定			

四、实验结果和讨论

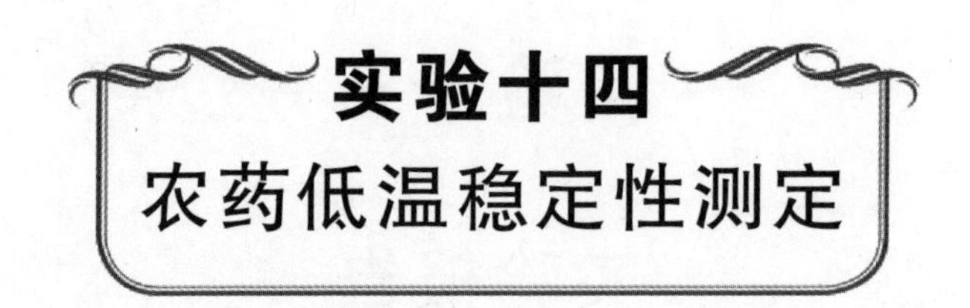

实验十四 农药低温稳定性测定

一、实验目的

1. 掌握低温稳定性的概念及其在农药使用过程中的意义。

2. 了解不同药剂冷贮稳定性的测定方法。

二、相关知识简介

冷贮稳定性试验是通过低温，一般以 0 ℃ ± 2 ℃贮存条件下所取得的试验数据，来推测常温贮存条件下产品的稳定性。作为商品，农药从生产到使用必然有一定的时间，为保证产品质量，对乳油、水剂、水悬剂和微囊剂制定了冷藏稳定性标准。我国相关标准规定，样品于 0 ℃ ± 1 ℃条件下贮藏 7 d 不分层、无沉淀为合格。

三、实验材料

制冷器（能够保持 0 ℃ ± 2 ℃），100 mL 锥形离心管，离心机（图 14-1，应有配套离心管），100 mL移液管，100 mL 烧杯，100 mL 量筒等。

图 14-1　离心机

四、实验步骤

（一）乳剂和均相液体制剂低温稳定性的测定

移取 100 mL 样品置于离心管中，在制冷器中冷却至 0 ℃ ± 2 ℃，让离心管及其内容物在 0 ℃ ± 2 ℃条件下保持 1 h，并每间隔 15 min 搅拌 1 次，每次 15 s，检查并记录有无固体物或油状物析出。将离心管收回制冷器，在 0 ± 2 ℃条件下继续放置 7 d。7 d 后，将离心管取出，在室温（不超过 20 ℃）下静置 3 h，离心 15 min（管顶部相对离心力为 500～600 g，g 为重力加速度）。记录管底部离析物的体积（精确至 0.01 mL）。

（二）悬浮制剂低温稳定性的测定

取 80 mL 试样置于 100 mL 烧杯中，在制冷器中冷却至 0 ℃ ± 2 ℃，保持 1 h，每隔 15 min 搅拌 1 次，每次 15 s，观察其外观有无变化。将烧杯放回制冷器，在 0 ℃ ± 2 ℃条件下继续放置 7 d。7 d 后，将烧杯取出，恢复至室温，测试筛析、悬浮率及其他必要的物化指标。

五、实验注意事项

1. 实验过程中的药剂均具有一定的毒性，在实验过程中应戴上手套和口罩，防止药剂与人体直接接触。

2. 实验过程中应注意仪器的操作安全。

六、讨论

固体剂型是否有必要进行低温稳定性检测？如果有，需要检测哪些指标？

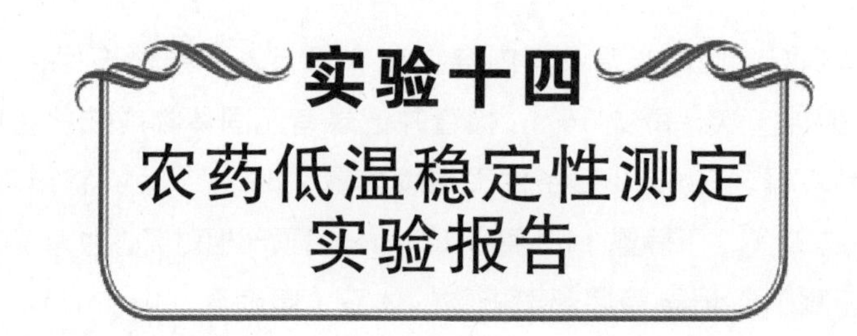

实验十四 农药低温稳定性测定实验报告

一、实验目的和意义

二、实验材料

三、实验过程

实验步骤	实验内容	实验现象	解释或结论
1. 乳剂和均相液体制剂低温稳定性的测定			
2. 悬浮制剂低温稳定性的测定			

四、实验结果和讨论

实验十五
最大稳定持留量的测定

一、实验目的

1. 掌握最大稳定持留量的概念及其在农药使用过程中的意义。

2. 了解最大稳定持留量的测定方法。

二、相关知识简介

作物叶面所能承载的药液量有一个饱和点，超过这个饱和点，就会发生药液自动流失现象，这一饱和点称为流失点。发生流失后，药液在植物叶面达到最大稳定持留量（Maxium Retention）。药液在植物叶片的持留量是由药液的物化特性、施药方法、雾滴谱、雾滴运行速度、叶片表面结构、作物株冠层结构等多方面的因素共同决定的。药液在植物叶片上的沉积持留量决定其在病虫害防治中的生物效果。因此，研究药液在植株叶面上的持留量，可根据靶标对象特征，选择合适的施药方法，控制施药量，减少药液流失，以达到高效精准使用农药、降低农药污染环境的目的。

三、实验材料

植物叶片若干，电子天平（精度为0.0001 g），叶面积测量仪（图15-1），手动喷雾器，烧杯，镊子，双面胶，载物台等。

图 15-1　叶面积测量仪

四、实验步骤

（一）浸渍法

剪取植物叶片，用天平称重，记为 W_0。用镊子夹持叶片，垂直放入清水中 3～5 s，之后迅速将叶片全部拉出水面，垂直悬置，待叶片上不再有液滴流淌时称重，记为 W_1。测定叶片面积，计算叶片的最大稳定持留量（R_m）。

$$R_m(g \cdot cm^{-2}) = \frac{(W_1 - W_0) \times 1000}{\text{叶片面积}}$$

式中：W_0 与 W_1 的单位均为克（g），叶片面积的单位为平方厘米（cm^2）。

（二）喷雾法

自制 0°、30°、60° 和 90° 载物台，用双面胶把植物叶片粘在载物台上，载物台通过连接杆与分析天平托盘相连，用玻璃管把连接杆与喷雾器喷出的雾滴隔开，避免雾滴沉积在载物台、连接杆和天平内，确保电子天平读数能准确反映沉积在植物叶片上的雾滴质量。叶片放好后，用手动喷雾器开始喷雾，直到药液从叶片滴淌，记录雾滴沉积过程中电子天平的最大读数（即流失点）；停止喷雾，等药液不再从叶片滴淌（天平显示数字稳定），此时天平的读数为最大持留量。测定叶片面积，计算叶片的流失点（POR）和最大稳定持留量（R_m）。

$$POR(g \cdot cm^{-2}) = \frac{\text{天平最大读数} \times 1000}{\text{叶片面积}}$$

$$R_m(g \cdot cm^{-2}) = \frac{\text{停止滴淌后天平的读数} \times 1000}{\text{叶片面积}}$$

式中：天平读数单位为克（g），叶片面积单位为平方厘米（cm^2）。

五、实验注意事项

1. 实验过程中的药剂均具有一定的毒性，在实验过程中应戴上手套和口罩，防止药剂与人体直接接触。

2. 采用浸渍法测定最大稳定持留量时，应确保每次叶片在溶液中的时间一致。

六、讨论

1. 对比两种测定最大稳定持流量的方法的异同。

2. 最大稳定持留量在农药使用过程中有什么意义?

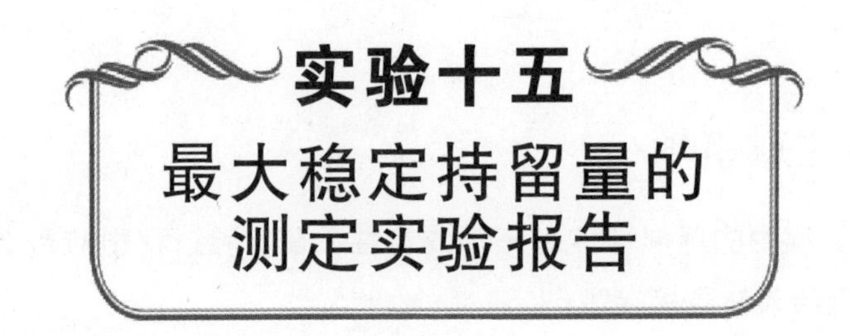

实验十五 最大稳定持留量的测定实验报告

一、实验目的和意义

二、实验材料

三、实验过程

实验步骤	实验内容	实验现象	解释或结论
1. 浸渍法			
2. 喷雾法			

四、实验结果和讨论

实验十六
农药可湿性粉剂细度测定

一、实验目的

学习农药可湿性粉剂的细度测定方法。

二、相关知识简介

湿筛法，将称好的试样置于烧杯中润湿、稀释，倒入润湿的实验筛中，用平缓的自来水流直接冲洗，再将实验筛置于盛水的盆中继续洗涤，最后将筛中的残余物转移至烧杯中，干燥残余物，称重，计算细度。

三、实验材料

（一）实验药剂

农药可湿性粉剂。

（二）实验仪器

实验筛（适当孔径，并具配套的接收盘和盖子），250 mL 烧杯，100 mL 烧杯，烘箱（100 ℃以内控温精确度为 ± 2 ℃），玻璃棒，橡皮管，干燥器（图 16-1）、天平等。

图 16-1　干燥器

四、实验步骤

（一）试样润湿

称取 20 g 试样（精确至 0.1 g）置于 250 mL 烧杯中，加入约 80 mL 自来水，用玻璃棒搅拌，使其完全润湿。如果试样抗润湿，可以在水中加入适量的非极性润湿剂。

（二）实验筛润湿

将实验筛浸入水中，使金属布完全润湿。必要时可以在水中加入适量的非极性润湿剂。

（三）细度测定

用自来水将烧杯中润湿的试样稀释至约 150 mL，搅拌均匀，然后全部倒入润湿的实验筛中，用自来水洗涤烧杯，洗涤水也倒入筛中，直至烧杯中的粗颗粒完全移至筛中。用直径 9～10 mm 的橡皮管导出平缓自来水流冲洗筛上试样，水流速度控制在 4～5 L/min，橡皮管末端出水口保持与筛缘齐平。在筛洗过程中，保持水流对准筛上的试样，使其充分洗涤（如试样中有软团块，可用玻璃棒轻压，使其分散），一直洗到通过实验筛的水清亮透明为止。再将实验筛移至盛有自来水的盆中，上下移动（洗涤筛筛缘始终保持在水面之上），重复至 2 min 内无物料过筛为止。弃去过筛物，将筛中残余物先冲洗至一角，再转移至已恒重的 100 mL 烧杯中。静置，待烧杯中颗粒沉降至底部后，倾去大部分水，加热，将残余物蒸发近干，于 100 ℃（或根据产品的物化性能采用其他适宜温度）烘箱中烘至恒重。取出烧杯置于干燥器中，冷却至室温，称重。

可湿性粉剂的细度 x（%）按下式计算。

$$x=\frac{m_1-m_2}{m_1}\times 100\%$$

式中：m_1表示最初称取的可湿性粉剂的试样质量，m_2表示最后烘至恒重的烧杯中残余物的质量，单位均为克（g）。

五、实验注意事项

1. 实验过程中的药剂均具有一定的毒性，在实验过程中应戴上手套和口罩，防止药剂与人体直接接触。

2. 实验过程中应注意仪器的操作安全。

六、讨论

1. 农药可湿性粉剂的细度还可以用什么方法进行测定?

2. 农药可湿性粉剂除了细度还有哪些重要的质量检测指标?

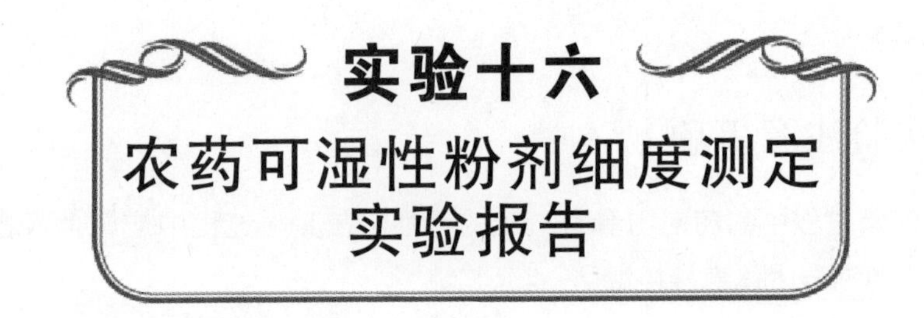

一、实验目的和意义

____

____

____

二、实验材料

____

____

三、实验过程

实验步骤	实验内容	实验现象	解释或结论
1. 试样润湿			
2. 实验筛润湿			
3. 细度测定			

四、实验结果和讨论

____

____

____

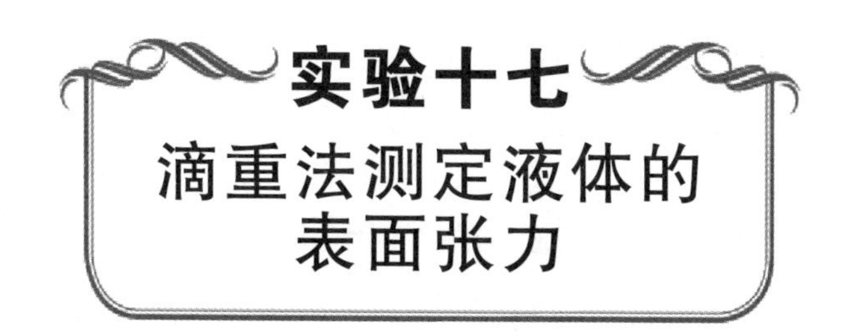

实验十七 滴重法测定液体的表面张力

一、实验目的

1. 掌握表面张力的概念及其在农药使用过程中的意义。
2. 用滴重法测定液体的表面张力，学会使用校正因子表。

二、相关知识简介

表面张力是指液体表面任意两个相邻部分之间垂直于它们单位长度分界线相互作用的拉力。表面张力的形成与处在液体表面薄层内的分子的特殊受力状态密切相关。

二次分散体系中，在独立空间内和沉积表面上，药剂沉积物与有害生物进行碰撞接触，其中液/固接触是最常见的形式，液体表面张力的大小是影响药效发挥的主要因素。在农药应用方面，许多植物、害虫、杂草不易被水湿润，是因为该植物表面存在一层疏水的蜡层，需要在农药中加入表面活性剂。表面活性剂主要是为了降低液体表面张力，提高湿润分散性的能力，以增加农药与目标生物的亲和性，从而提升防治效果。

本实验的实验原理如下。

当液体在滴重计（滴重计市售商品名屈氏黏力管）口悬挂尚未下滴时：

$$2\pi r\sigma = mg$$

式中：r 表示毛细管半径，液体润湿毛细管时应使用外半径，不润湿时应使用内半径；σ表示液体的表面张力；m 表示液滴质量（1 滴液体）；g 表示重力加速度，当采用“厘米、克、秒”制时其为 981 cm/s^2。

但从实际观察可知，测量时液滴并未全部落下，有部分会收缩回去，故需对上式进行校正：

$$2\pi r\sigma f=m'g$$

式中：m' 表示滴下的每滴液体质量（用分析天平称量）；f 称为哈金斯校正因子，它是 $r/V^{1/3}$ 的函数，V 是每滴液体的体积，可由每滴液体的质量除以液体密度得到。

在上式中，r 和 f 是未知数，可采用已知表面张力的液体（如蒸馏水）做实验，通过迭代法得到。

设每滴水质量为 m'，体积为 V，先用游标卡尺量出滴重计管端的外直径 D，可得半径为 r_0。用 r_0 作初值，求得 $r_0/V^{1/3}$。查哈金斯校正因子表（插值法）得 f_1，将水的表面张力σ和 f_1 代入 $2\pi r\sigma f_1=m'g$，求得第一次迭代结果 r_1。再由 $r_1/V^{1/3}$ 查表得 f_2，再代入 $2\pi r\sigma f_2=m'g$，求得第二次迭代值 r_2。同法再由 $r_2/V^{1/3}$ 查表得 f_3，这样反复迭代直至相邻两次迭代值的相对误差 $|(r_{i-1}-r_i)/r_i|\leqslant eps$（$eps$ 表示所需精度，如 1‰），这时的 r 就是要求的结果，记录并贴在滴重计管的标签上，半径就标定好了。

求得半径 r 后，对待测液体只要测得每滴样品的质量和密度，就可由 $r/V^{1/3}$ 查表得 f，再由 $2\pi r\sigma f=m'g$ 就可求得样品的表面张力。表面张力测定仪器如图 17-1 所示。

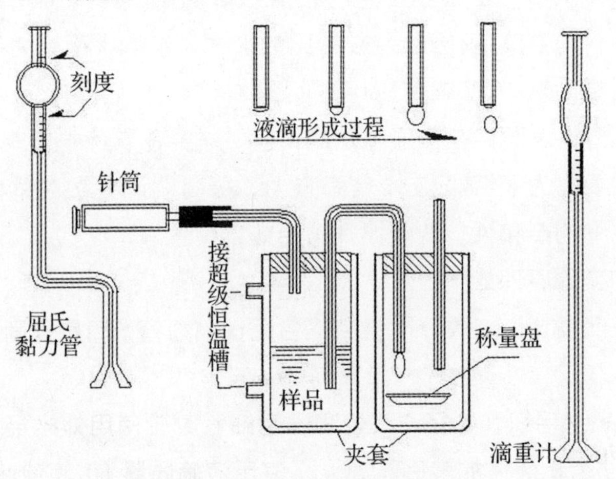

图 17-1　表面张力测定仪器

三、实验材料

（一）实验药剂

酒精，表面活性剂溶液（每组 1 份，编好号）等。

（二）实验仪器

屈氏黏力管，密度瓶，游标卡尺（公用），50 mL和 100 mL 烧杯。

四、实验步骤

1. 用游标卡尺测量滴重计的外半径。测量酒精从上刻度到下刻度滴下液滴的总质量 W_1 和滴数 n_1。算出每滴酒精的质量。

2. 将剩余酒精倒入回收瓶，烘干滴重计，冷却后同法测量纯水从上刻度到下刻度滴下液滴的总质量 W_2 和滴数 n_2。用迭代法求得滴重计的半径，把多余的蒸馏水倒掉。

3. 把滴重计用待测表面活性剂溶液（样品）洗涤数次后，测量此溶液从上刻度到下刻度滴下液滴的总质量 W_3 和滴数 n_3。计算该待测表面活性剂溶液的表面张力。（计算过程中用到的相关数据见表 17-1、表 17-2）

表 17-1　哈金斯校正因子表

$r/V^{1/3}$	f	$r/V^{1/3}$	f	$r/V^{1/3}$	f
0.00	1.0000	0.75	0.6032	1.225	0.656
0.30	0.7256	0.80	0.6000	1.25	0.652
0.35	0.7011	0.85	0.5992	1.30	0.640
0.40	0.6828	0.90	0.5998	1.35	0.623
0.45	0.6669	0.95	0.6034	1.40	0.603
0.50	0.6515	1.00	0.6098	1.45	0.583
0.55	0.6362	1.05	0.6179	1.50	0.567

续表

$r/V^{1/3}$	f	$r/V^{1/3}$	f	$r/V^{1/3}$	f
0.60	0.6250	1.10	0.6280	1.55	0.551
0.65	0.6171	1.15	0.6407	1.60	0.535
0.70	0.6093	1.20	0.6535		

表 17-2　不同温度时水的密度、黏度及与空气界面上的表面张力表

温度（℃）	密度（g/cm^3）	黏度（$10^{-3}Pa\cdot s$）	表面张力（mN/m）	温度（℃）	密度（g/cm^3）	黏度（$10^{-3}Pa\cdot s$）	表面张力（mN/m）
0	0.99987	1.787	75.64	21	0.99802	0.9779	72.59
5	0.99999	1.519	74.92	22	0.99780	0.9548	72.44
10	0.99973	1.307	74.22	23	0.99756	0.9325	72.28
11	0.99963	1.271	74.07	24	0.99732	0.9111	72.13
12	0.99952	1.235	73.93	25	0.99707	0.8904	71.97
13	0.99940	1.202	73.78	26	0.99681	0.8705	71.82
14	0.99927	1.169	73.64	27	0.99654	0.8513	71.66
15	0.99913	1.139	73.49	28	0.99626	0.8327	71.50
16	0.99897	1.109	73.34	29	0.99597	0.8148	71.35
17	0.99880	1.081	73.19	30	0.99567	0.7975	71.18
18	0.99862	1.053	73.05	40	0.99224	0.6529	69.56
19	0.99843	1.027	72.90	50	0.98807	0.5468	67.91
20	0.99823	1.002	72.75	60	0.96534	0.3147	60.75

五、实验注意事项

1. 此方法只适用于液滴很小的情况。

2. 滴重法测量有三种模式：静态测量、动态测量和准静态测量。 主要区别参数是液滴形成和滴落的速度。 其中，静态测量主要用来测量纯液体的表

面张力，动态测量经常用来测量含有表面活性剂的稀溶液，准静态测量适用于蛋白质溶液、聚合物溶液。

六、讨论

1. 本实验中为什么先安排测量酒精，并且测量后不洗直接烘干，再测纯水？ 测表面活性剂溶液时，为什么用溶液荡洗后不再烘干？

2. 用滴重法测量表面张力时为什么要做校正，能否用游标卡尺测量 r，然后直接代入公式计算？

3. 本方法也能用于测量液液界面张力，请考虑应如何测量。（提示：要考虑浮力影响）

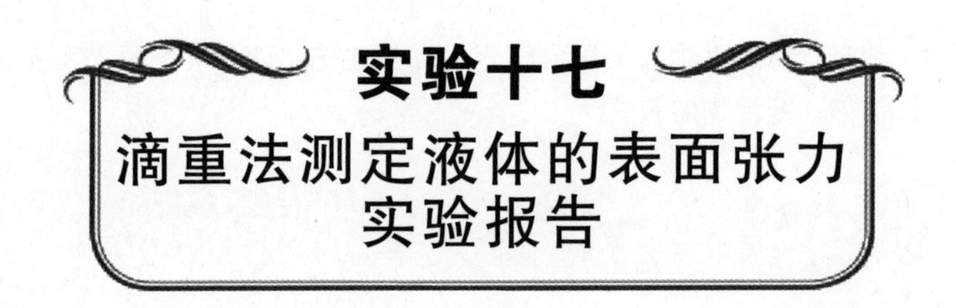

一、实验目的和意义

二、实验材料

三、实验过程

实验步骤	实验内容	实验现象	解释或结论
1. 滴重计的外半径测量			
2. 滴重计半径的计算			
3. 利用滴重法测量待测液表面张力			

四、实验数据处理

酒精		待测样品（表面活性剂溶液）	
每滴水的质量（g）		样品编号	
每滴酒精的质量（g）		密度（g/cm^3）	
滴重计校正半径（cm）	$r=$	每滴样品的质量（g）	
酒精表面张力（mN/m）	$\sigma=$	样品表面张力（mN/m）	$\sigma=$

五、实验结果和讨论

____

____

____

____

____

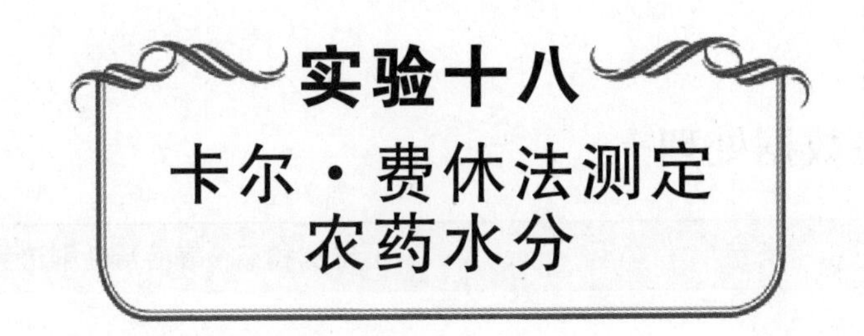

实验十八 卡尔·费休法测定农药水分

一、实验目的

学习使用卡尔·费休法测定农药原药及其加工制剂中的水分。

二、相关知识简介

水分含量既是原药的质量指标又是制剂的质量指标。限制农药原药中水分含量的目的是为了降低有效成分的分解作用，保持其化学稳定性。对粉剂、可湿性粉剂来说，限制水分含量可使制剂保持良好的分散状态，喷撒时能很好地分散到叶面上。FAO 在 1971 年后颁布的农药质量标准中，对农药原药及乳油、部分可溶性粉剂等剂型均有水分含量指标标准，而对粉剂、可湿性粉剂则无水分含量指标及相关标准。我国对粉剂的水分含量要求是不大于 1.5%。

三、实验材料

(一)实验药剂

1. 无水甲醇

无水甲醇中水的质量分数应不大于 0.03%。取 5～6 g 表面光洁的镁及 0.5 g碘，置于圆底烧瓶中，加 70～80 mL 甲醇，在水浴中加热回流至镁全部生成絮状的甲醇镁。此时加入 900 mL 甲醇，继续回流 30 min，然后进行分馏，在 64.5～65.0 ℃时收集无水甲醇。所使用仪器应预先干燥，与大气相通的部分应连接装有氯化钙或硅胶的干燥管。

2. 无水吡啶

无水吡啶中水的质量分数应不大于 0.1%。将吡啶通过装有粒状氢氧化钾的玻璃管（玻璃管长 40～50 cm，直径 1.5～2.0 cm，装入的氢氧化钾高度为 30 cm 左右）。处理后进行分馏，收集 114～116 ℃的馏分。

3.碘

将碘重新升华，并放在硫酸干燥器内 48 h 备用。

4. 硅胶

硅胶中含变色指示剂。

5. 二氧化硫

将浓硫酸滴加到盛有亚硫酸钠（或亚硫酸氢钠）的糊状水溶液的支管烧瓶中。生成的二氧化硫经冷井（图 18-1）冷却至液状（冷井外部加入干冰和乙醇或冰和食盐的混合物）。使用前把盛有液体二氧化硫的冷井放在空气中汽化，二氧化硫气体经过浓硫酸和氯化钙干燥塔进行干燥。

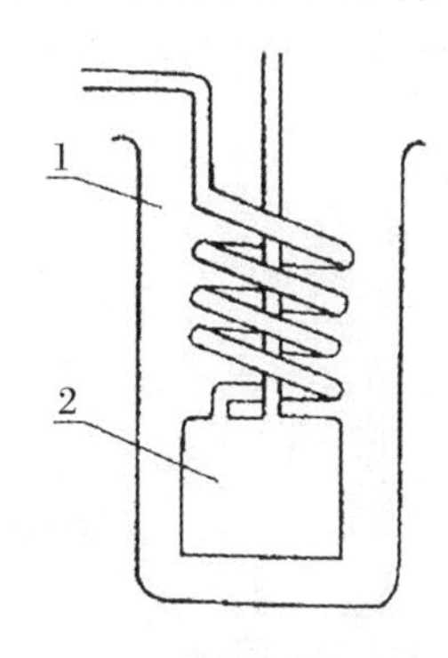

图 18-1　冷井

1. 广口保温瓶　2. 250 mL 冷片

6. 酒石酸钠

7. 卡尔·费休试剂（含吡啶）

使用市售的无水吡啶卡尔·费休试剂。

（二）实验仪器

1. 250 mL 试剂瓶

250 mL 试剂瓶配有 10 mL 自动滴定管，用吸球将卡尔 · 费休试剂压入滴定管中，通过安放适当的干燥管防止吸潮。

2. 60 mL 反应瓶

反应瓶中装有 2 个铂电极，1 个用于调节滴定管管尖的瓶塞，1 个为用干燥剂保护的放空管，待滴定的样品通过入管口加入，或将样品从用磨口塞开闭的侧口加入。滴定过程中，用电磁搅拌。

3. 1.5 V 或 2.0 V 电池组

电池组同一个约 2000Ω 的可变电阻并联。铂电极上串联 1 个微安表。调节可变电阻，使 0.2 mL 过量的卡尔 · 费休试剂流过铂电极的适宜的初始电流不超过 20 mV 产生的电流。每加 1 次卡尔 · 费休试剂，电流表指针偏转 1 次，但很快恢复到原来的位置，到达终点时，偏转的时间持续较长。电流表：满刻度偏转不大于 100 μA。

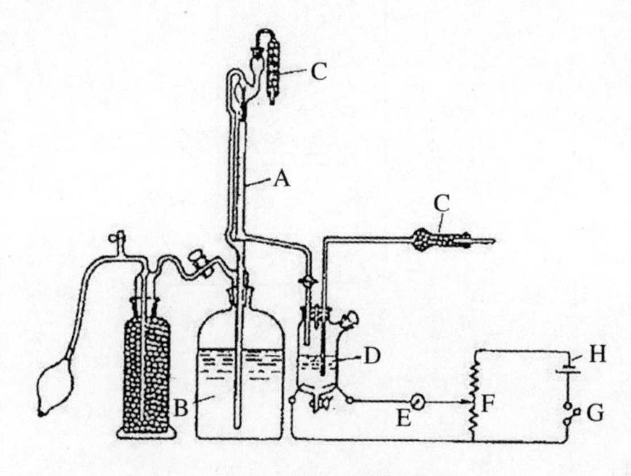

图 18-2　滴定装置

A. 10 mL 自动滴定管；B.试剂瓶；C. 干燥管；D. 反应瓶；E. 电流计或检流计

F. 可变电阻；G. 开关；H. 1.5V 或 2.0 V 电池组

四、实验步骤

（一）卡尔·费休试剂的标定

1. 二水酒石酸钠为基准物

加 20 mL 甲醇于滴定容器中，用卡尔·费休试剂滴定至终点，不记录需要的体积，达到滴定终点时迅速加入 0.15～0.20 g（精确至 0.0002 g）二水酒石酸钠，搅拌至完全溶解（约 3 min），然后以 1 mL/min 的速度滴加卡尔·费休试剂至终点。

卡尔·费休试剂的水当量c_1（mg/mL）按下式计算。

$$c_1=\frac{36\times m\times 1000}{230\times V}$$

式中：230 表示酒石酸钠的相对分子质量；36 表示水的相对分子质量的 2 倍；m 表示酒石酸钠的质量，单位为克（g）；V 表示消耗卡尔·费休试剂的体积，单位为毫升（mL）。

2. 水为基准物

加 20 mL 甲醇于滴定容器中，用卡尔·费休试剂滴定至终点，迅速用 0.25 mL注射器向滴定瓶中加入 35～40 mg（精确至 0.0002 g）水，搅拌 1 min 后，用卡尔·费休试剂滴定至终点。

卡尔·费休试剂的水当量c_2（mg/mL）按下式计算。

$$c_2=\frac{m\times 1000}{V}$$

式中：m 表示水的质量，单位为克（g）；V 表示消耗卡尔·费休试剂的体积，单位为毫升（mL）。

（二）水分测定

加 20 mL 甲醇于滴定容器中，用卡尔·费休试剂滴定至终点，迅速加入已称量的试样（精确至 0.01 g，含水 5～15 mg），搅拌 1 min，然后以 1 mL/min 的速度滴加卡尔·费休试剂至终点。

试样中水的质量分数 X_1（%）按下式计算。

$$X_1 = \frac{c \times V \times 100}{m \times 1000}$$

式中：c 表示卡尔 · 费休试剂的水当量，单位为毫克/毫升（mg/mL）；V 表示消耗卡尔 · 费休试剂的体积，单位为毫升（mL）；m 表示试样的质量，单位为克（g）。

五、实验注意事项

1. 实验过程中的药剂均具有一定的毒性，在实验过程中应戴上手套和口罩，防止药剂与人体直接接触。

2. 实验仪器的使用应严格遵守仪器使用说明书。

六、讨论

1. 简述卡尔 · 费休法的适用范围。

2. 卡尔 · 费休法有哪些缺陷?

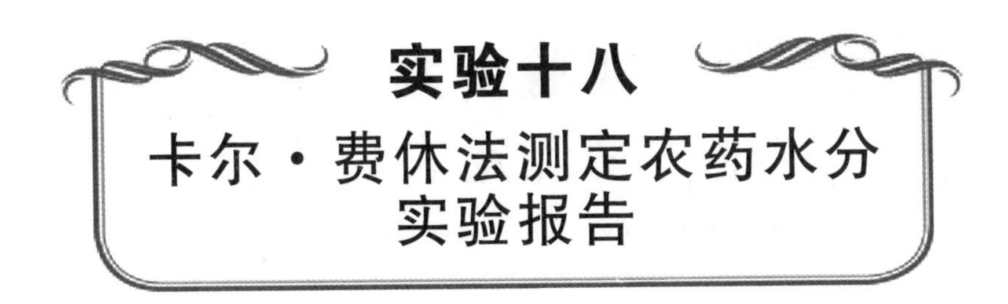

实验十八
卡尔·费休法测定农药水分实验报告

一、实验目的和意义

二、实验材料

三、实验过程

实验步骤	实验内容	实验现象	解释或结论
1. 卡尔·费休试剂的标定			
2. 水分测定			

四、实验结果和讨论

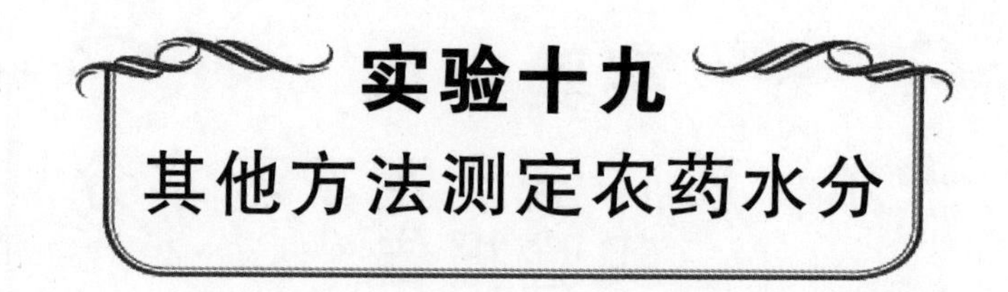

实验十九 其他方法测定农药水分

一、实验目的

1. 学习使用卡尔·费休—库仑滴定仪测定法测定农药原药及其加工制剂中的水分。

2. 学习使用共沸蒸馏法测定农药原药及其加工制剂中的水分。

二、相关知识简介

方法原理

微量水分测定仪（卡尔·费休一库仑滴定仪）是根据卡尔·费休试剂与水的反应，结合库仑滴定原理设计而成的。

卡尔·费休试剂与水的反应式如下：

$I_2 + SO_2 + 3C_5H_5N + H_2O \rightarrow 2C_5H_5N \cdot HI + C_5H_5N \cdot SO_3$

$C_5H_5N \cdot SO_3 + CH_3OH \rightarrow C_5H_5N \cdot HSO_4CH_3$

反应生成的 I^- 在电解池的阳极上被氧化成 I_2，反应式如下：

$$2I^- - 2e^- \rightarrow I_2$$

由上式可以看出，参加反应的碘的摩尔数（I_2）等于水的摩尔数（H_2O）。依据法拉第电解定律，在阳极上析出的 I_2 的量与通过的电量成正比。经仪器换算，在屏幕上直接显示出被测试样中水的含量。

共沸蒸馏法是利用试样中的水与甲苯形成共沸二元混合物，一起被蒸馏出来，根据蒸出水的体积，计算水含量。

三、实验材料

（一）实验药剂

卡尔·费休试剂（有吡啶和无吡啶两种），甲苯等。

（二）实验仪器

微量水分测定仪（与化学滴定法精度相当），水分测定器（图 19-1），2 mL接收器（分刻度为 0.05 mL），500 mL 圆底烧瓶等。

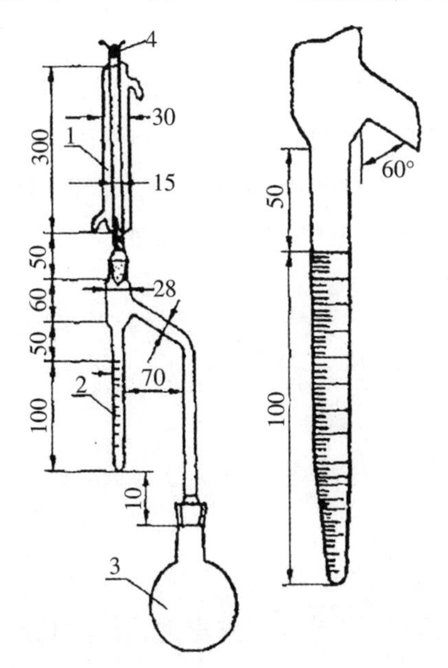

图 19-1 水分测定器

1. 直型冷凝器；2. 接收器（有效体积 2 mL，每刻度为 0.05 mL）；3. 圆底烧瓶；4. 棉花团

四、实验步骤

（一）卡尔·费休—库仑滴定仪测定法

按具体仪器使用说明书进行。

（二）共沸蒸馏法

称取含水 0.3～1.0 g 的试样（精确至 0.01 g），置于圆底烧瓶中，加入 100 mL 甲苯和数支长 1 cm 左右的毛细管。按图 19-1 所示安装仪器，在冷凝器顶部塞 1 个疏松的棉花团，防止大气中水分的冷凝，加热回流速度为每秒 2～5 滴，继续蒸馏直到除刻度管底部以外，在仪器的任何部位不再见到冷凝水为止。而且接收器内水的体积不再增加时再保持 5 min 后，停止加热。用甲苯冲洗冷凝器，直至没有水珠落下为止，冷却至室温，读取接收器内水的体积。

试样中水的质量分数 X_2（%）按下式计算。

$$X_2=\frac{V\times 100}{m}$$

式中：V 表示接收器中水的体积，单位为毫升（mL）；m 表示试样的质量，单位为克（g）。

五、实验注意事项

1. 实验过程中的药剂均具有一定的毒性，在实验过程中应戴上手套和口罩，防止药剂与人体直接接触。

2. 实验仪器的使用应严格遵守仪器使用说明书。

六、讨论

1. 这几种检测农药水分的方法各有哪些优点和缺点？

2. 这几种检测农药水分的方法分别适用于哪些情况？

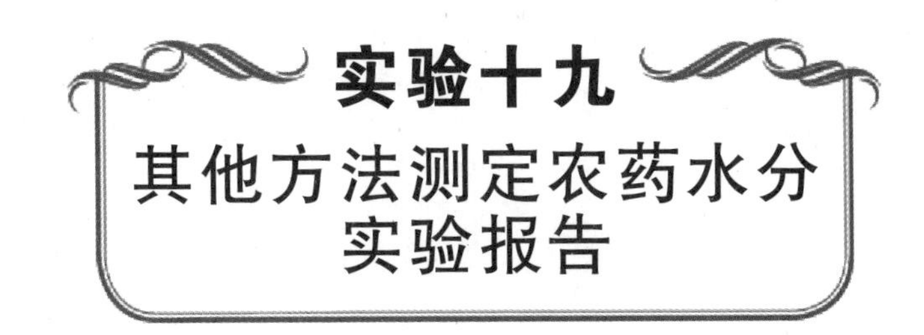

实验十九 其他方法测定农药水分实验报告

一、实验目的和意义

二、实验材料

三、实验过程

实验步骤	实验内容	实验现象	解释或结论
1. 卡尔 · 费休一库仑滴定仪测定法			
2. 共沸蒸馏法			

四、实验结果和讨论